读客文化

和繁重的工作
一起修行

平和喜乐地成就事业

一行禅师 著

向兆明 译

河南文艺出版社
· 郑州 ·

中文版权 © 2014 读客文化股份有限公司

经授权，读客文化股份有限公司拥有本书的中文（简体）版权

中文简体字版由 Unified Buddhist Church, Inc. 授权独家出版发行

豫著许可备字-2014-A-00000062

图书在版编目（CIP）数据

和繁重的工作一起修行：平和喜乐地成就事业 /

（法）一行禅师著；向兆明译 . —— 郑州：河南文艺出版

社，2015.1（2025.2 重印）

ISBN 978-7-5559-0153-2

Ⅰ . ①和… Ⅱ . ①一… ②向… Ⅲ . ①人生哲学 – 通

俗读物 Ⅳ . ① B821-49

中国版本图书馆 CIP 数据核字 (2014) 第 281622 号

著　　者	一行禅师	
译　　者	向兆明	
责任编辑	谭玉先	
特约编辑	孙　青　潘　炜	
美术编辑	王井起	
策　　划	读客文化	
版　　权	读客文化	
封面设计	读客文化　021-33608320	
出版发行	河南文艺出版社	
印　　刷	三河市龙大印装有限公司	
开　　本	889mm x1270mm 1/32	
印　　张	6	
字　　数	84 千	
版　　次	2015 年 1 月第 1 版　2025 年 2 月第 38 次印刷	
定　　价	32.00 元	

如有印刷、装订质量问题，请致电 010-87681002（免费更换，邮寄到付）

目 录

I

第一章
和繁重的工作一起修行

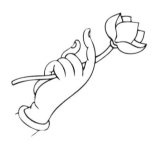

　　我们的生活方式和谋生手段于我们的喜乐至为重要。我们的人生几乎有一半时间都投入了职场，但我们应该如何善用这些时间？工作是我们整个生命存在的一种表达。它可以是我们表达自己最深愿心的极好方式，可以成为我们平和、喜悦、滋养、转化与疗愈的源泉。反之，我们从事的职业和工作方式也可以是造成我们巨大痛苦的原因。我们如何生活以及是否持有正念，这决定我们创造多少平和与喜悦。如果时刻保持觉知，做任何事都持守正念，那么我们的工作就能够帮助我们实现与他人和谐相处，以及培养理解与慈悲的理想。

我们生活的时代和环境找一个工作并不容易，但我们知道自己的幸福不仅仅在于拥有一个收入的来源，同时也在于拥有一份可以培育喜乐，对人类、动植物和地球都无害的工作。理想的情况是，我们能找到这样的工作并以我们的工作利益地球和所有生物。

无论从事什么工作，我们都可以做很多事情去帮助他人并创造一个快乐的工作环境，一个你可以喜悦而和谐地工作，扫除焦虑和压力的所在。正念呼吸、正念打坐、正念饮食和正念行走，这些修习都有利于创造一个积极无压的工作环境。而且，释放压力、爱语与谛听这些修学和相互分享，对我们职业的喜悦感和公司的企业文化都会产生巨大的影响。如果我们懂得调御自己的强烈情绪，建立良好的工作关系，就可以使人与人之间的交流顺畅，减轻压力，工作也会变得更加令人喜悦。这样一种大利益，不仅施加于我们自身，也施加于同事、爱人、家人和整个社会。

将工作当作正念的修行

所谓正念，即我们全部的注意力都投注于当下所发生的一切。正念下，将心带回身体，回归当下。正念的修习，首先是对呼吸有意识的觉知，即了知我们的入息和出息。正念是一种力量，它助益我们全然活在当下，于此地此时展开我们的生活。每一个人都可以生发正念的能量：呼吸时，注意气流出入我们的身体，此谓呼吸禅；品饮一杯水或是一盏茶时，念住品饮这一行为不放逸，心念也不攀缘任何外境，此谓茶禅；行走时，专注你的身体、你的呼吸、你的双脚，以及你所迈出的每一步，此谓行禅。

首先，我们把注意力放在呼吸上，我们把身心融为一体并全然回归当下。在这样的情况下，我们能更清楚地觉知当下正在发生的一切，并以更为清明的双眼观察，不受过去的拘缚，也不因将来的忧虑而散乱。你知道未来只是一个概念。未来仅由一种成分构成，那就是当下。照顾好当下，就无须担忧将来。这是你确保一个美好未来所能做的一切。我们应该以这样的方式活在当下，此时此地便是安详与喜悦——爱与理解是可以实现的。这是我们能够为将来所做的最好准备。

日常生活的点点滴滴都可转化为正念的修行，无论是刷牙、洗碟、行走、饮食还是工作。且理所当然，正念的对象不应该仅仅是积极的事物：当喜悦显现，我们就于喜悦修习正念；当愤怒显现，我们则于愤怒修习正念。无论何种强烈情绪生起，如果我们懂得对它执持正念，悦纳它而不是一味地压抑或是被它影响，如此，转化过程就能开始并得以寻得更多的喜悦、平和与觉知。

你或许会以为，正念的修习需要时间，而我们每天都忙得很，工作日日程满满，实在抽不出更多的时间修习；你或许会以为，正念只有在闲暇时，诸如在节假日或外出体验自然时才得以修习。然而，正念无时无处不可修，无论你在家，还是在万分忙乱的工作日，都可以是修习的机会。无须额外割用你的时间修习。仅仅几次呼吸，便足以生发正念的能量，并把我们带回当下。

我们可以整日修习并即刻获得修习的利益。不管是在坐公交，在开车，在洗澡，还是在做早饭，我们都可以乐在其中。我们不能说："我没有时间修习。"不是的，我们拥有大把时间，意识到这一点尤为重要。当修习正念并心中生发平和与喜悦时，我们就成了平和的承载，为自己，为他人带去平和与喜悦。

回归当下，放下对过往将来的心念，这便是止。我们修止，如此便能够与自我，与周遭世界同在。习得止，我们便能观；习得观，我们便能理解。如此，理解、慈悲、安详与喜悦就在我们面前显现。为了全然安住当下，与我们的工作、同事、朋友和家人同在，我们需要学习"止"这一艺术／方法。只有停下来，专注于当下正在发生的，我们才能够生发喜悦、觉知和慈悲。

　　我有一位相识，他会在参加各种商业会谈的间隙密切关注自己的行走。穿梭于丹佛市中心的办公楼宇间，他心中守着正念，觉知自己的入息与出息。过路人会朝他微笑，因为在这匆忙熙攘的人群当中，他显得是那么安稳、沉着。他跟我说，自从开始修习正念以后，哪怕遇上了不好对付的人，会谈的氛围也会因此变得更为轻松和惬意。

爱生活，也爱工作

　　上班前后以及上班期间的态度和习惯，影响的不仅仅是你的同事们，还有你自己的工作质量。我们在日常生活中所做的一切事对我们的工作都有影响。我是一名诗人，却也十分热爱在菜园里种养蔬菜这份劳作。一天，一位美国学者对我说："不要把你的时间浪费在菜园和种养莴苣上面。你应该写更多的诗，是个人都会种莴苣。"这并不是我的思维方式。我清楚地知道，如果不种莴苣，我就没法写诗。两者相互联系。正念吃早餐，清洗餐碟，种植莴苣，俱念念分明，这些都是我写好诗的必要条件。一个人如何清洗餐碟透露出他诗作品质的高低。同样，如果我们在日常行为——包括工作——中有更多的觉知与正念，我们就能更出色地完成它。

我们的私人生活与职业生活是一体的。如果我们没有能力保持正念，并在日常生活的一言一行中都投入完全的专注，这会让我们付出个人生活和职业的双重代价。想要了解我们在工作中的状态，我们需要审视自己的家庭和家庭生活。

正念的修习帮助我们建立家庭的免疫系统。当病毒进入有机体的身体，这个有机体就会意识到自己受到了攻击，于是分泌抗体来抵御侵入者。免疫系统是一种自我保护机制。如果分泌的抗体还不足以对抗病毒，免疫系统就会立即分泌更多的抗体来应对攻击并维持自身的平衡。从这个角度而言，我们可以说免疫系统是身体正念觉知的一种反应。同样，我们产生更多的正念，就能更好地保护和照顾我们自己。

家就是一个具备自我保护和疗愈功能的有机体。设想你的孩子正遭受着痛苦。如果你的孩子觉得她没有获得足够的关注或是他人的倾听，她会尝试自己解决这个问题。然而，因为孩子通常还不懂得如何处理痛苦，所以很可能会采取无视、掩盖或者是伪装等各种不健康的应对方式。一个人未被解决的痛苦会影响整个家庭。一个孩子不快乐，她的父母和兄弟姐妹也不会感到快乐。如果我们能正念关注这个孩子的痛苦，承认它，照顾它，这将有助于这个孩子问题的解决和伤痛的疗愈，整个家庭也将因此而受益。

在家庭生活中，觉知痛苦并能找到缓解痛苦的方法，这将帮助我们更好地理解和应对工作中出现的不顺，对处在高压岗位上的人来说尤为如此。我们需要了解如何处理自己的痛苦，这样才能真正地理解他人。工作环境也像是一个有机体，如果我们把来自家庭的压力带入工作中，这种压力就会像病毒一样四处扩散。同样，如果我们把正念带入工作，正念的状态会让我们的工作环境变得更加健康，让每一个人都变得更加快乐。

我们不妨自问，自己是否懂得如何生发喜悦的感受，会不会放松自己并安享午餐，在接电话和赶赴一场困难的会议前是否能够正念地呼吸。这些问题非常实际也十分重要。此外，我们穿衣服、刷牙、吃早饭的方式和状态同样重要。如果我们能够在日常这些细小的行为中修习正念，我们将会知晓如何享受一天，懂得如何在工作中放下不安和释放压力。正念的修习能够帮助我们在生活和工作中培育更多的觉知和喜悦。

第二章

一天的开始

苏醒

　　清晨醒来，我们所能做的第一件事是觉知生命所施予我们的馈赠。我们拥有二十四个小时。我们可以觉知自己醒来了，觉知我们的呼吸，觉知外面的阳光天空和我们的生命，这活着的感觉让我们心怀感恩。我们可以对自己说：

苏醒后，我看见蓝天。

双手合十，心怀感恩。

　　感激自己的所有，觉知当下拥有太多快乐的条件非常
重要。心中有如此的觉知是新的一天的良好开端。

立愿

起床之后，我们不是匆忙准备上班，而是可以思考自己希望如何度过这一天。花一点时间弄清自己这一天的期望与愿心，这有助于你对发生的任何事都保持一种开放的态度，帮助你记得这是全新的一天，是一个新的开始，你可以选择正念而慈悲地过这一天。

我们每一个人都需要内观自己，辨识我们内心最深的欲望与期愿。我们最深的欲望是滋养的来源，给予我们生活的动力与能量。如果我们的深愿是为世界带来喜悦，帮助众生减轻苦难，转化痛苦并给他们的生活带去平和，如此便是美善健康的滋养，将施予我们不尽的能量。如果我们的深愿是报复、杀戮和毁灭，如此便是毒物，将给自己与他人招引无尽的痛苦。

一首晨偈便可表达你的愿心。偈是一种短诗，念诵时辅以正念的呼吸以强化你的觉知。下面这一偈，可以帮助你坚定自己的信念，在接下来的一天里常守正念。

　　清晨醒来，微笑。
　　又是全新的二十四小时。
　　我发愿全然活在每一秒，
　　并以慈悲之眼观一切有情。

我们现在拥有全新的二十四个小时。生活来到我们门前。我们可以全心全意，在正念和觉知下度过这二十四个小时。这是生命施予我们的一份非常珍贵的大礼：新的一天。我发愿持守正念度过这一天。我不浪费这一天。我不蹉跎这一天。无论在家还是工作，我知道如何善用它。无论我在哪儿、在做什么，我将竭尽自己所有的智慧与技巧从中获利。

念诵偈子是一种方法，有助于我们安住当下，深觉自我的行为。当心念专注于偈子时，我们返回自我并对自己的一举一动有了更清澈的觉知。

同时作为禅修和诗歌艺术的实践方式，偈子在禅宗传统当中占据着至为关键的一个角色。当你记住一首偈子时，它会在你不经意间融透到你的行动当中。你可以把这些诗偈打印出来，放在清晨一睁眼就能看见或是整日都能品读的地方。你也可以把偈子写在小卡片上让你随时都可以拿来读。清晨，饮一杯茶，你念诵这一偈：

静坐，微笑。

新的一天破晓。

我立愿深入正念地生活。

着衣

　　穿衣服也是一次修习的机缘，修习正念下为新的一天做准备，改变我们的固有习惯并以新的方式度过繁忙的一天。通常，我们穿衣服时并未觉知到自己在做什么。一切都在按照惯例运行。我还是沙弥的时候，每次穿上僧袍我都要学着念诵这首偈颂，帮助我更好地觉知自己的行为。

　　　　披上僧袍，
　　　　我心安逸。
　　　　过着自由的生活，
　　　　生发世间的喜悦。

　　穿衣服这点时间也可以作为一次铭记自己愿心的机

会——自己对这一天的美好期待。依上文的诗偈，我写下另一个版本，使之不仅专用于僧袍，也适用于任何其他种类的服饰。

> 身着衣服，心怀感恩。
> 感谢制作这些衣服的工人。
> 感谢制作这些衣服的材料。
> 愿人人有衣可穿。

即便你不是比丘或比丘尼，也不穿僧袍，你也可以把自己的衣服看作是菩萨身上的衣服。菩萨是觉醒和开悟的有情。菩萨是具足喜悦、平和、觉醒、理解和爱的众生。世间凡众，凡具备这些品质的皆可称作菩萨。清晨起来着衣这一仪式，提醒我们自己的愿心，期望可以如菩萨一般，怀着平和、爱、感恩、理解，觉知与自由度过日常生活的每一刹那。

刷牙

你刷牙要花多长时间？至少一分钟，或许两分钟。在这两分钟的时间里，你可以自由而喜悦地刷牙，不会因为担心刷完牙之后的杂务而散了心神。刷牙时，不妨留意一下自己的一举一动。比如，你可以说："我站在这儿，刷牙。我有牙膏，还有一支牙刷。我很开心，因为我还有牙齿可以让我刷。我的修习是真正地活着，为了获得自由，以及享受刷牙这一过程。"心不任自拘缚于过去，也不因将来的忧虑而散乱了心志。不急不躁，安住刷牙这一过程。这样一种修习是自由的修习。自由在心中，刷牙也成为大喜悦。

刷牙的时候，你可以念诵下面这首偈颂，以便提醒自己在一日的工作中使用爱语，以及培育人际间的良好交流与沟通。

刷牙漱口，
誓以纯净爱意言语。
满口馥郁正语芳香，
心田盛开一朵鲜花。

早餐

　　很多人的早上都很匆忙，没有时间在家吃早饭。上班途中，随便买点吃的，然后在车里，在列车上，或是上班后坐在办公桌前就把早餐给解决了。然而早餐不仅仅是为了往肚子里填入食物，也是一次享受饮食和滋养自我，以及培育感恩与觉知之心的机会。早上空出时间，自己可以在家准备早餐，这样做早餐的时间就能成为修习的时间。准备早餐，一切如旧，不同的是，我们在做这件事情时守持出入息的正念，随顺自己的呼吸并觉知气流出入身体。这样修习，厨房俨然就成了一座禅修堂。

　　吃早餐时，哪怕只是早上起来吃一小口，也要显得从容自由。你可以在正念下咀嚼每一口面包，带着喜悦与自由。这当下，不要去想接下来该干什么，这一天又有哪些事务要去完成。你的修习就是要与面包同在。早餐就在这里，你必须也在这里。只有这样，我们才能深入地感触到当下的美好。当下是自我的觉知，是你依然拥有的生命；当下是你的早餐，这大地与天空的一份馈赠；当下或许还有你的朋友和家人，他们正陪坐在你的身旁享用早餐。

手里拿着一片面包，我愿意看着它，并对它微笑。这片面包是宇宙的使者，给予我们滋养与支持。深入观察这片面包时，我看到了阳光、云朵和地球母亲。没有阳光，没有水，没有土地，小麦就无法生长；没有云，就没有雨水降落滋养小麦的成长；没有地球母亲承载万物，一切都无法生长。因为如此，我手里的这片面包是真正的生命奇迹。这奇迹现在就在我们面前，所以我们也必须与它们同在。感恩而食。一片面包放进自己嘴里，你要咀嚼的就是这片面包，而不是你的计划、忧虑、恐惧或愤怒。这是正念的修习。你正念地咀嚼并且知道你在咀嚼这片面包，这生命的美妙滋养。这带给你自由与喜悦。吃每一口早餐都应当这样，不要让自己被拽离当下吃的体验。

　　在我生活的法国西南部一处禅修中心——梅村，我们就餐前会花一些时间去观想我们的食物。即使吃饭时间不长，这样的默想也会让我们的早餐变得更加美好。以下是我们所修习的五观，如果你有意愿，也可以在餐桌前默念这五观。

五观

一、食物是整个宇宙、地球、天空、无数生灵以及他们辛勤而有爱的劳作而施予我们的馈赠；

二、愿我们正念而感恩地饮食，不辜负这一份馈赠；

三、愿我们可以辨识并转化不善的心行，尤其是我们的贪婪，并学习适量而食；

四、愿我们的饮食可以减少生灵的苦痛，保护地球并扭转全球暖化现象，如此守护我们的慈悲之心；

五、我们受纳这些食物，希望可以滋养我们的手足情谊，建立我们的僧伽，并滋养我们济助众生的愿心。

出门

　　早上出门上班，这是觉知周围整个世界的极好机会。你打开门，新鲜的空气扑面而来。这是一次感触土地、空气和蓝天的机会。跨出家门的第一步已是跨进自由的一步。你无须去往禅堂，就能够去往禅修的世界。双脚踏在大地上的每一步都可以带给我们无尽的快乐、平和与自由。

　　呼吸也是如此。如果我们懂得正念地呼吸，觉知我们的入息和出息，每一次出入息都将带给我们快乐。自在舒适的呼吸是一件非常幸福的事，哮喘患者或者是那些呼吸有困难的人对此有深刻的了解。如果你可以顺畅地呼吸，那就尽情地享受吧。不要浪费一分一秒。一息出入带来快乐；一步踏出带来自由。如果我们这样行走和呼吸，心就不会因为一成不变的生活和工作而觉得被束缚。相反，我们会觉得自由并对自己的生活充满感恩。

《佛本生经》是最早的佛教文献集著之一，其中讲述了佛陀的前生事迹。在这些故事当中，佛陀以不同的化身显现，有时候是鹿，有时候是猴子，有时候是石头甚至是芒果树。在每一个化身当中，无论是动物、植物还是矿物质，我们都可以看见一尊菩萨，大慈悲的存在。当我们走出前门，脚掌踩在这片哪怕是铺上了混凝土的大地时，也仍然能够看见并感觉到周围的自然，并辨识到自然也是一尊菩萨。当深入观察一棵树时，我们能够看见这棵树施予我们它的美丽，以及它滋养和维持了生命。树叶帮助清洁我们呼吸的空气，树枝为各种鸟类提供了一个安全的庇护之所。我们周围到处都是菩萨——我们的地球是一尊菩萨。它安稳地承载我们。安忍不动，不加分别。无论我们向大地抛掷什么，它都不加分别地纳受。我们向大地抛掷芬芳的花朵或者香油，它吸收并转化；我们向大地丢弃屎尿，或者其他不净的物质，它也照样吸收和转化。它有大耐心和大忍辱。它施舍太多，这些滋养我们并支持万物的生存。它施予我们水，它施予我们呼吸的空气和食物。它是真正的菩萨。每次我们走出家门，即使只是走在去往停车场的路上，我们也可以利用这段时间去注意周围滋养和承载我们的地球菩萨。

路上

　　或许这个早晨你都是以愉快、放松和正念的方式度过，但一旦出门上班，这些都忘失了。高峰时间开车上班时尤为如此。但如果你坐的是列车或公共汽车，这是一个很好的机会让自己安静地坐着并觉知你的入息和出息。如果有助于你专注于呼吸，你甚至可以闭上或微闭眼睛。

　　如果开车上班，进入车内启动车子前请用一点时间忆念自己的愿心，希望开车时保持平稳、放松和正念的状态，释放压力，远离匆忙。

　　　启动车子前，
　　　我知道我的方向。

车子与我融融一体。

车开得快，我行得快。

　　这一觉知可以帮助你享受整个旅程。把每一个红灯或停车标志都看作是一次正念呼吸和回归当下的机缘。你或许习惯于把红灯看作是敌人，是妨碍你达成准时上班这一目标的障碍。然而事实上红灯是我们的朋友，它帮助你抵抗匆忙的冲动，呼唤你回到此时此地。

　　下次你在高速公路上或城市中心堵车时，不要抗拒。接受这一现实，抗拒没有用。安心坐在位子上，对自己微笑。知道自己活着，知道当下这一刻是生命的唯一。珍惜一分一秒。明白这一刻可以是美好的时光。

　　如果上下班都能以这样的心态开车，不去考虑目的地，不去担忧到达后要做的事，你就可以享受开车过程中的一分一秒。我在一天的讲学开始前，不会担心别人会问我什么问题，而我应该如何回答。相反，从居所走到讲学的地方，我全然享受每一步和每一次呼吸，深入地度过行走的每一刻。等到达时，我觉得头脑清醒并准备好回答别人可能问我的任何问题。

在家里准备上班以及在上班的路上，如果你已经修习了正念，那么你到达工作地点时的状态将与过去截然不同，你会感到更加快乐也更加放松。你或许会发现自己现在对工作和同事有了全新的认识，或许还能发现意外的满足与喜悦的源泉。

第三章

在工作中修习正念

　　我们总是习惯把"工作时间"和"自由时间"区分开来。然而这样的思维方式降低了我们在工作中获得喜悦与成功的可能性。我们可以这样工作，意识到我们有很多机会去选择自己的工作和工作方式；我们可以这样工作，去寻找乐趣，而不是陷于惯性的压力和紧张的痛苦当中。当修习正念，我们修习去享受工作，享受打字、计划、组织、开会、见客户，以及通常所谓在"工作日"所做的任何事务。在做每一件事时，如果全部的身心都能够专注于此，我们就能获得自由和喜悦。

我们太多时间都花在了工作上；我们需要确保自己享受工作。如果我们以正确的精神，持守正念、觉知以及帮助众生的目标，工作可以是令人愉悦的。无论我们是在工厂，在饭馆，还是在办公室上班，无论我们的职业是否利益他人，只要修习正念，工作就可以让我们喜悦，并带给我们自己和他人大利益。

我们总是习惯于忙碌，想着尽快把手头的工作完成。这已经成了一种习惯。正念呼吸，你可以辨识这一习气。正念帮助我们停下来，不被忙碌的习气裹挟。如果我们知道如何活在日常生活的一分一秒，就不会沦为压力的受害者。在吃早饭、洗碟子以及上班途中，我们享受吃早饭、洗碟子以及上班这一过程。

如果以正确的方式工作，工作这段时间可以带给我们愉悦。有一种方法可以让我们远离压力并真正享受自己的工作。在梅村，我们要做很多事情：欢迎一年来的访客，举办无数的禅修活动，不管是在本国还是在世界很多其他国家。像其他公司一样，我们也希望在工作中取得成功。但我们学会了如何工作才能避免成为工作压力的受害者。我们享受田园劳作，享受打扫、做饭和洗碟子——我们认为这些事情与其他种类的工作都一样重要。我们做每一件事情都全心全意，并且这样工作，每时每刻感受自由、喜悦和手足情谊。

观呼吸

观呼吸——觉知入息与出息，并在气流出入身体的同时随息——带给我们平和与和谐的感受。这样一种能量，在它渗透进入我们身体时，能够带给我们极大的利益。无论是躺着、坐着抑或是站着，修习观呼吸，我们身心的压力、冲突与紧张将会被慢慢释放。

我们都希望自己可以得闲安坐下来，体会没有什么要做而来的静止。然而，如果真有这个时间，我们是否就真的能够端坐下来享受这份宁静呢？恐怕很多人都做不到。我们时常抱怨自己没时间休息，不能享受独自静处的感觉，但这是因为我们惯性地总是在做不同的事情。静止，不做什么，我们缺乏这样的能力。相反，我们都是工作狂，一刻都闲不下来，总是需要找些事做。哪怕获得了稀有的一刻空闲，我们也总是在办公桌前打电话或者是在上网。

无论身居何处，如果得以偷得一刻安闲坐下来，就当享受那一刻，享受没有什么要做，仅仅只是享受你的呼吸。当然，观呼吸的修习并不要求你一定坐着。可能你在上班，正在排队等待影印东西，或等待与同事谈话；可能你外出正在吃午饭，或在等待一杯茶或是一杯咖啡。无论身处何地，你都可以修习观呼吸，享受自我，享受周围人与你的同在。

入息时，如果投入完全的注意，你就变成了入息。觉知入息并专注在此，你和你的入息就合二为一，融为一体。不要认为这很困难或者麻烦。入息可以非常喜人。入息时，你知道自己还活着，这让你感到欣悦。呼吸是生命的本质，如果没有呼吸，我们将不过是一具没有生命的躯壳。借着观呼吸的修习，我们觉知到自己的生命活力，这带来了广大的喜悦。当你习惯于这个修习，每次回到呼吸时觉察自然生起。不要刻意呼吸，让呼吸自然地进行。顺从入息，随它而去，长或是短，疾或者徐，深抑或浅，都无所谓，唯独只是觉知它。呼吸时，你可以这样默念：

入息，我觉知我的入息。

出息，我觉知我的出息。

入息，我觉知我的身体。

出息，我释放身体的紧张。

不要干扰你的呼吸。仅仅只是觉知它，并且随顺入息出息的整个过程。觉知呼吸时，我们的思考也自然停止了。停止思考对我们非常有帮助。专注于呼吸，我们就不再忧虑过去的烦恼和未来的不确定。然而如果你时时被思考所绑缚，那么不久你就会精疲力竭，再没有余力让自己真正地活在当下。不要去想你的计划，问题不可能通过纯粹的思考得以解决。我们的修习是不去思考，这是修行取得成果的秘诀。不要试图用头脑去思考来寻找答案。我们只是种下一颗种子，然后让它在地下慢慢生长。等待成熟的那一天，答案自然就会出现。若能专注当下，休息时间也可以具有非常大的生产力。如果能如此，我们就不会受焦虑、压力和抑郁情绪的痛苦折磨。

如果把注意力完全放在呼吸上，你便可以相当自然地停止连串的思考。仅仅几次出入息的练习，呼吸质量就能获得提高。不管是躺卧着、坐着还是行走当中，你的呼吸会变得更加深入、更加平缓、更加和谐与平和。正念下仅仅几次呼吸，我们就会变得自由，放松自己，并释放掉身体与心灵的紧张与不安。

像这样全然地觉知呼吸，就是正念。观呼吸让我们深入看到此时此地的一切，让我们感触到生命的奇迹，如此能够让自己足够坚强和明澈，以应对工作中遇到的艰难困境。

找到一处呼吸的空间

　　工作中设置一处专属空间提示自己观呼吸，这或许有助于修习。你希望这是一个美观的、让人得以平静和放松的地方，可以是你办公室的某块区域，或者仅仅是办公桌的一角，但要干净整洁，除了一盏小铃或一朵花之外别无他物。目光集中在这盏铃或是这朵花上，这或许有助你专注于正念的呼吸。如果同事也有意加入，你们可以寻找一个适宜的场所，比方说户外一个合宜的地方，休息室，甚至是某人的办公室，并在其中营造一个安稳、美好和放松的空间，可以让你们一同坐下来并享受回归呼吸所带来的愉悦感。

放松的正念之铃

　　上班时，你可以随身带上一盏小巧的日本风格的罄，把它放在包里或者是你的办公桌上。工作间歇需要观呼吸时，你以罄槌轻轻敲击罄的边缘，唤醒它。然后，做一次深长的呼吸，再请一声罄声。接下来，你平和地呼吸，享受地倾听这优美的罄声。耳闻罄的声响时，我们受它的提醒回归自我，回到我们的呼吸并深深感触当下的生命。这是正念之铃，因为它的声响霎时间就把我们牵引回来，并以呼吸的方式融合身心。这非常有疗愈作用。当工作的气氛不是非常平和或愉悦时，你可以利用这正念之铃收摄乱心，并安静而正念地呼吸数分钟。这之后，你会感到更加愉悦，工作的氛围也被转化了。

　　在梅村，我们许多比丘和比丘尼都设定了正念之铃的程序，并在电脑上设置为每十五分钟响一次，以提醒自己停下手头的工作，回归自我，返回自己的身体并享受呼吸。入息出息三次，这就足以释放身心所有的紧张与不安。在此期间，身体变成了我们心念所关注的唯一对象。你停止任何其他思考，停止所有过去或将来的烦恼和忧虑。这带给我们自由。仅仅数次呼吸，就可获得自由。

日常生活的任何物件都是你的正念之铃——电话铃声、电子表的报时声、鸣钟声、教堂的钟声、电梯到达楼层时发出的响声，停车标志和红灯。这所有的一切都是你正念修习的机缘，停止思考，回归自己的呼吸和身体，并享受当下这安详与放松的时刻。

享受坐着的感觉

我们很多人工作时间基本上都是坐着，但坐的品质如何？我们觉得享受吗？每过大概一个小时，我们停止工作坐上几分钟，不为工作，而仅仅只是坐着。我们可以安坐下来，享受打坐和呼吸，而没有其他任何目的。我们可以就这样坐着，不去改变太多，也没有任何人察觉到我们在做什么。

当我还是一名小沙弥在越南海德寺修学时，曾经观察过一位老禅师独自一人打坐，但不是在禅院当中而是坐在一种传统的浅座上。在这间寺庙，我们没有桌子或者椅子，而只有一块供以打坐的浅平木板而已。我看见禅师打坐是那么优雅、那么挺直。这一印象一直停留在我的脑海里。他坐在那儿，那样挺直，那样安详与自然。我看着他，心中也萌生了如此的愿望。我也希望可以像他这样打坐，无须用力，无须任何明显的目的。这带给我快乐。我无须做任何事，我无须说任何话。仅仅只是坐着。

安坐在当下

我们如何也能这样打坐？这样打坐的目的是什么？那位老禅师的打坐不为任何目的。他坐在那儿，仅仅只是享受坐着。如果你问孩子为什么要吃巧克力，大多数孩子会回答说因为他们喜欢。他们不可能给你一个理性的解释。站在一个优美的地方也是如此。如果有人问我为什么站在某个特别的地点，我应该怎么回答？通常这不需要目的或是理由，我就是站在那里而已。我享受站在那个美丽的地方。站在那里，没有目标；吃巧克力，也没有目标。因为喜欢，所以我们做这些事情。

所以，下次上班坐着的时候，你可以休息一会儿并安坐下来，如佛陀一般。坐立时腰板挺直，但也不要太僵硬。让空气自然而然地流入你的身体，并且感觉腹部的一起一落。脊柱成一条线并自觉身体是挺直的时候，你就能够放松整个身体。你不需要成为全时佛陀，也不需要完全的觉悟，临时佛陀就已足够。你唯一需要的是当下的自由和解脱。不因过去将来，不因愤怒、忧虑或嫉妒这些烦恼而心神游离。身体与心灵都全然投入，你可以坐着，如同一个自由的人。

　　我们坐着，为了快乐；我们坐着，是为了觉知当下，觉知我们的生命，觉知我们周围这美妙的世界，并且这美妙的世界也在我们心中。如此安坐，我们感触身内身外这生命的奇妙，并已然拥有快乐。即使在室内，即使在白天，我们仍了然头顶高处是繁星点点，了然银河的存在，我们的星系，一条由数万亿星球所组成的星河；了然自己正坐在地球的表面，一颗万分美丽的正在星系当中不停旋转的星球。我们坐着，清晰地看到这地球和宇宙的奇妙，如此还有什么需要求索的呢？如此安坐时，我们就守住了觉知。我们的心可以囊摄整个宇宙，从过去到未来。这个时候，如果我们的同事走过你的办公室或者是办公桌，他们会看见什么？他们会看见你安详地坐在那里，看到你身心的平静和脸上的笑容。

正念行走

即使工作要求你大部分办公时间都坐着，但总还是有行走的机会，哪怕只是从停车场走到办公室，从这个办公室走到另一个办公室，又或者是去上洗手间。正念行走时，协调行走与呼吸的节奏，并把注意力聚焦在足底，如此步步都是滋养与疗愈的修行。步步安乐行。你需要这样的安乐来确保工作的顺利进行。若缺失了这样的滋养，工作如何才能继续下去？了解了正念行走的法门，一步一行都从容而觉知，如此，上班也将成为你可以期待的美好时光，一天的工作也因此增添更多的喜悦。

我们都习惯于奔跑而非行走。我们在自己的整个人生中就在一直奔跑，甚至还要奔向未来，一个我们以为可以寻得快乐的所在。我们从父母和祖先那里沿袭了这一习性。一旦察觉到这一点，我们可以运用正念呼吸来放慢我们的脚步，然后仅仅只是笑对自己的习气说："你好，我亲爱的老朋友，我知道你在那儿。"我们没有必要抗拒自己快走的欲望，行禅的修习中没有对抗，只有对当下正在发生的一切的觉识与觉知。

行禅的修习对医护专业人士尤为有益，不管你是医生、护士、治疗师、社工还是急诊医师，因为你们的工作会接触到很多疾病缠身并且遭受痛苦的人。持守正念的行走赐予你们力量与心灵的平和，帮助你们感触到生命的奇妙并得以培育心中的平和与喜悦，只有这样，你们才能做好这样一份工作。

我们已经习惯于匆匆忙忙。如果有一场会议要参加，我们总是赶着过去，一路上根本没有正念行走的修习时间。假设说你要赶飞机，你以为自己有足够的时间可以磨蹭磨蹭，然后直到最后一分钟才离开家或者是办公室。但你或许会碰上堵车，以至于要么晚到，要么就得抓紧。你完全可以把时间安排得更宽裕一些，让自己在机场可以有大把的时间像个闲人一般去信步游走。在登机前，多给自己一小时，享受在机场行禅的快乐。

行禅的修习

　　行禅有两种。一种是徐行禅。徐行禅对初学者尤为有益。吸气时，向前跨一步；呼气时，再向前跨一步。全神贯注双脚与地面的接触。吸气时，左脚向前跨一步。你可以对自己说："我已到了。"这不是宣言，这是修行。你必须是真正到了。但你或许会问："到了何处？"到了此时此地。依据这样的教说和修行，只有当下你才可以触及到生命。过去的已经过去，未来的还没到来。我们只能活在一个刹那，而那一刹那就是当下。呼气时，右脚向前跨一步对自己说："我到家了。"我真正的家不在过去，也不在将来。我真正的家就是生命本身——它就在此时此地。我已经到了我真正的家，我在真正的家里感到安乐。我无须再奔跑。

脚步带你回到当下，感触当下一刻生命的美妙。你和生命相约此时此地。错失当下一刻，你也就错失了与生命的约会。正念行走是学习和训练自己活在此时此地的极好法门。活在当下就是真实的生活。迷失在过去，或为将来所牵引，这都不是真实的活法。唯有深刻触碰当下一刻，我们才能触及真实的生命并真正地活着。

　　在吸气和念诵的同时，如果自己觉得已经真的到了，那么你就会微笑。自己给自己一个胜利的微笑。抵达非常重要，因为当你抵达了，就不再奔跑。你已经停止了奔跑。我们很多人甚至在睡梦中还在继续奔跑。我们永远不能安歇。在梦中，在我们的噩梦中，我们还在继续奔跑。正因为如此，我们必须训练自己停下来。停止帮助我们住于此时此地，感触生命的奇妙，实现生命的转化和疗愈。"我已到了，我到家了。"

　　这是第一种行禅。慢慢行走随时随地你都可以做到。

行走在自己的办公室或穿梭在不同的办公室之间，你可以修；上厕所或午休期间逛公园，你也可以修。不要以为修禅必须要"出家"或者是现在就对正念有完整的理解。任何人都可以修习正念行走。你所需要的只是一颗愿心，如此就可以抵达此时此地。或许你会惊奇地发现，无论在哪儿，哪怕还在工作，你的心却感觉已经回到家里一般。

第二种行禅方式步频稍快，但仍然持守自己步行和呼吸的觉知，仍然感知双脚下的大地，感知你的呼吸和周围的世界。

吸气时，你可以走两步或者三步，每一步都念道："我已到了，我已到了，我已到了。"呼气时，也走两到三步，并默念三遍："我到家了。"吸气时，走两三步，呼气时，你可以走上三四步。我这样行禅时自然如常；人们或许都不知道我在正念行走。我享受跨出的每一步。如此行走，我们身体由正念的能量所占据，这股能量安抚我们，保护我们，让我们在当下感到安全和满足。无论是去公交站，还是去参加会议或者是赴约的路上，我们都可以这样修。徐行禅最好有一段距离，比方说走一条街。或者，每天以这样的方式从停车场步行到你的办公室。

享受每一步的安乐并感触生命的奇妙，停止所有的思考。与他人一同行走时你可以修习行禅，他们甚至都察觉不到。

每次只要有五或十分钟的空闲，你就可以享受这一修习。从一座大楼走向另一座大楼，你修习行禅，并享受每一步所带给你的快乐。我总是享受自己的行走。我只有一种行走方式：正念行走。哪怕只是一两步的距离，我也总是采用这些技巧并享受其中。

正念饮食

正念修习的另一个机缘是饮食。我们经常在上班期间吃零食，而这样做的目的仅仅是为了找点事情做。我们觉得无聊，所以就想往嘴里塞吃的东西。然而我们的吃喝和消费，或许是因为我们感到紧张，又或者是为了工作的事情而感到焦虑和担心，并希望借此来掩盖这些不快情绪。如果感觉到这种冲动，你可以尝试通过打坐和观呼吸来安抚焦虑和不安的情绪。一定要吃的话，想一想这些食物对你的身体和精神是否有滋养的作用。在亚洲很多国家，自古就没有食药之分，日常的饮食就应当有益身心，就应当维持我们身心的平衡和健康。适当的饮食和呼吸，可以滋养我们的血液，滋养我们的身体和精神。然而如果饮食不当，或者是吃得过多，我们的身心都有可能因此而抱恙。我们应当谨慎选择食物，并细细咀嚼。

而即使是选择了健康的食品，你的饮食方式依然可能是不健康的，比如说一只手还在工作，另一只手却拿着食物。很多年以前，我遇到一位名叫吉姆的美国年轻人，他希望我向他讲授有关正念禅修的内容。一次我们俩在一起，我递给他一个橘子。他接过这个橘子，嘴巴仍然继续讲述着他为和平和社会正义所做的种种工作。他一边吃，一边在不停地思考和说话。他剥下橘皮，掰开橘瓣，扔进嘴里囫囵两口就吞了下去，这期间，我一直都在他身旁。

　　最后，我对他说："吉姆，停。"他看着我，我接着说："专心吃橘子。"他明白了，于是不再说话，而是更加缓慢、更加专注地在吃橘子。他把剩下的橘子小心掰开，闻一闻它们诱人的芬香，然后一次一瓣放入嘴中，细细品觉浸润在舌头四周的橘子汁。这样品尝橘子要花上数分钟，但他知道自己有足够的时间来享受这一过程。这样子吃完以后，他了解到那一刻这个橘子已经变得真实，吃橘子的人已经变得真实，生命也已经变得真实。吃橘子的目的是什么？仅仅只是行为本身。这个时候，吃橘子这件事就是你生命中最重要的事情。

　　下次上班时间吃零食——比如说吃橘子——的时候，请把它放在你的手心，看着它，让它变得真实。这不需要多少时间，仅仅两三秒就足够了。看着它，你看见一棵漂亮的橘子树，看到橘花盛开，看到阳光和雨露，看到一颗小橘子慢慢成形。你看到它经历阳光和雨露的不断滋养，慢慢转化变成你现在手中这个成熟的果实。你看到它的颜色从绿色变成橘色，看到它一天天变甜。这样子深入观察一个橘子，你将在其中看到宇宙万物——阳光、雨露、云朵、树木、树叶，一切一切。剥开橘子，闻一闻它的芳香，然后细细品嚼，心中万分欢喜。

洗手间静修

无论上班期间在忙什么，你恐怕都要上洗手间。在美国，人们管洗手间叫休息室(restroom)，但你在休息室会觉得放松吗？在法国，洗手间这个词通常写作"le cabinet d'aisance"。Aisance的意思是自在。也就是说，洗手间应当是一个让人觉得舒适的地方。所以去洗手间时应该试着放松自己，享受那一段时光。心中明了上洗手间的时间与其他时间一样重要。洗手间变成了你的禅堂。这是我的修习。小便的时候，我全然专注于排尿这一行为。心如果自由，那么小便也可以是非常愉快的事情。你全部的身心都专注在此。它能解放你。它可以是令人愉快的体验。如果你曾经有过尿道感染，你就会知道排尿时会感到疼痛。但你现在是健康的，所以觉得非常愉快。在这半分钟上下的时间里，请舒展你自由的心。

电话禅修

　　每一次打电话都是一次正念修习的机缘。每次电话响起，你都可以把它当作是正念之铃，提醒自己放下手头杂务并回归当下。你不是匆忙去接电话，而是先有意识地呼吸三次，确保自己真的已经做好准备。你停止思考，回归当下，觉知自己任何可能的紧张或烦躁情绪。呼吸时最好把手放在电话听筒上，以便让你的同事知道你打算接这个电话，只是不着急而已。这对他们也有帮助，让他们不觉得自己是电话的受害者。如果给别人打电话时，拨号前请默诵下面这首经偈：

言语传万里。

愿我的言语能够产生互爱与理解。

愿它们美如宝石，

丽如花朵。

如何释放工作压力

压力和紧张会在你的体内积聚，但只要拥有智慧与慈悲，你就可以释放这些压力，并助益创造一个健康的工作环境，让你和你的同事都感觉到更多的喜悦和更少的压力。如果你懂得如何释放身体的压力，自我放松，你也可以帮助你的家人和同事。然而，如果你自己都做不到，又怎么能够要求你的同事做到这一点，或者指望他们能够照顾好自己的家人？而如果他们的家庭不和谐，工作又如何能够开心、富有效率呢？所以说，你为自己和家人所做的一切，对你的同事也有好处，并且反过来帮助整个工作环境的改善。你修习完全放松享受其中并与他人分享，帮助他们释放体内积聚的压力，体验工作和家庭中的轻松与喜悦。

每天，你可以在工作期间修习完全放松，从而释放压力，饱满自己的精神。这样的修习只需约会间隙或午休期间的五或十分钟。这是一次让身体获得休息、疗愈并重获精力的机缘。我们放松身体，然后逐次专注身体的每个部位，并且向每个细胞传送我们的爱。我们引导自己的注意力投向身体的任意一个部位：头、头皮、大脑、双眼、双耳、下巴、内脏器官、消化系统以及身体任意一个需要疗愈和关注的部分，包容它们，并在入息出息间向它们传递爱与感恩。

　　与同事分享你的修习，你可以帮助你自己，也帮助他们放松自我和体验更多的快乐。你可以安排一间安静的房间作为你们一同修习深度放松的处所。

以正念拥抱身体的每个部位

完全放松是放下的修习。我们觉知身体的部位，比如说我们的头部、四肢、身体的器官和全身每一个肌群，然后有意识地放松它们，全身这样训练直到彻底放松。

松开所有紧身衣物，仰面躺下，大脑和脊椎成一条直线，双臂微微向外伸展，双掌朝上，双腿伸直。让自己的双脚自然向外侧垂落。在你的颈部，你可以放一个小枕头作为支撑。你可以在膝盖下面放一个垫子、一块毯子或者是一个枕头，这样你的下背就能够伸直，从而更好地放松脊椎。

放下头脑中所有乱舞的思绪，让你的身体和心灵在接下来的十分钟里获得彻底的休息。这十分钟完全属于你。觉知气流出入身体时自己的呼吸。注意腹部微微的起落。不要尝试去控制呼吸，仅仅只是随顺它。自然而然地，你的呼吸就会变得更深更缓。

转移自己的意识来到脚趾和脚部。觉知每一个脚趾。感觉脚后跟在地面休息。绷紧脚趾和双脚肌肉，然后放下。转移自己的意识来到小腿，绷紧这些肌肉，然后放下。膝盖、大腿和髋臀部的训练也是如此。完全放松你的双腿。在训练过程中，注意它们慢慢变得沉重然后下沉到地面的整个过程。重复这一紧一松的动作往上推移，并专注于不同的肌群。这样一直训练直到你的头部、下巴和双眼。向身体的各个部分，所有的内部器官甚至是每一个细胞传送爱和感恩。

你或许会觉得自己只有在一天的辛苦工作之后回到家才能放松下来，但深度放松是一种随时可修的修习方式。

你无须等待。然而如果你整日都处于不安的状态，却一定要等到晚上回到家才去放松，或许就不能够了，因为那时你的头脑和身体都已经兴奋过度。

入息并回归身体时，你或许会注意到自己身体内部的许多不安，这些紧张情绪会让你无法放松，并且感觉不到平和和快乐。因此，你希求可以做点什么从而能减轻身体的痛苦。入息出息间，你仅仅只是随顺身体的不安被释放掉了而已。你放下了。这就是完全放松的修习。

如果只有几分钟的时间，你可以默诵下面这首经偈：

入息，释放身体的不安。
出息，微笑。
入息，觉知我的双眼。
出息，我为我的双眼微笑。

生发正念的能量时，你包容双眼并对它们微笑。这是双眼的正念。你感触到了身边所拥有的快乐的一个理由。拥有一双明亮健康的眼睛是幸福的恩赐。一座形色的天堂随时都可以展现在你的面前。而你需要做的，只是睁开你的眼睛。

入息，觉知我的心脏。
出息，我为我的心脏微笑。

以正念的能量包容心脏并对它微笑时，你知道它仍然运转正常，从而心生莫大的感激。这是我们幸福的基本条件，也是我们快乐的另一个理由。当你以正念能量守护心脏时，它会感到温暖和舒适。那么久以来，你都忽视了它的存在。你只是在思虑一些其他事情。你追求那些自以为可以让你获得快乐的条件，却唯独忘了你的心脏。

你甚至还因为不健康的饮食和作息方式而给心脏健康造成伤害。每一次点烟，你都是在让它受苦；喝酒，这是对它的不友好；工作压力大，加班加点还得不到足够的休息，这是对它的损伤。你虽然知道心脏为你的幸福已经日夜工作了很多年，但因为不知不觉，你很少善待它。你不知道如何保护内在幸福和快乐的条件。但现在你可以为你的心脏做一些事情。你可以向它传递你的爱意，包容它，并因为它的存在而怀抱感恩之心。

你可以在身体的其他部位，比如说肝脏，继续这样的练习。以温柔、爱与慈悲包容它。运用呼吸的方法产生正念，继而再以正念守护它。爱与温柔的包容以及正念能量的守护，这正是你的身体所需。如果身体的某个部位感到不适，你必须花更多的时间以正念去守护，并对它微笑。你或许在一次禅修中没有足够的时间对身体每一个部位都施以关注，但每天一两次的修习你都至少可以挑选一个器官施以关注并修习放松。

无论身居何处，无论行住坐卧，你都可以放松自己。坐公共汽车时，你可以修习观呼吸，释放内心的不安。赶赴一场会议的路程中，你可以步步安乐向前，甩掉压力。

你行走，如同一个自由的人。享受步步安乐。不再匆匆忙忙。在你上班走向公交站点，在你离开停车场走向办公室时，若能念念不失，每一步行走都可以释放压力，等走到办公室时，你整个人都会感觉到精力充沛、轻松和自由。

在工作中寻得归依

在大多数工作环境中，我们都必须与他人协同工作，或许是在一个小组，在同一个办公室或工作区工作，又或许是为了执行一个项目或为了实现一个具体的目标而组成一个团队。但团队里的每一个人都有自己的难处和痛苦，并且会把这样的情绪带到工作当中来。一切准备就绪，你幸福快乐、精神饱满并且内心平和地来上班，帮助同事获得良好的精神状态。你关注的不仅仅是他们工作或服务的质量，因为这很大程度上依赖于他们每一个人内心是否感到平和与幸福。因此，你是作为一个菩萨或者说是一群怀着助人心愿的菩萨去上班，去帮助同事转化和克服痛苦，给他们和整个工作场所带去平和、和谐与幸福。你在工作中创造快乐与和谐。

有时候，工作环境让我们感到不自在，我们缺乏安全感，感觉自己不被接纳，害怕被拒绝。然而，当我们来到山野，身处树木和动物围绕的环境中时，似乎它们能够接纳我们，我们好似寻得了归依。我们不害怕它们会审视和评判我们。但在工作中，我们却恐惧不被认可。我们害怕表现自我。我们努力表现感觉自己被他人接纳。这是不幸。

一朵花没有这样的恐惧。她在繁花尽开的花园里生长，却不企求成为任何其他花朵。她接纳自我原来的样子，不求成为他人或他物。如果生来如此，我们就没有必要改变自己。我们需要学习自我接纳。整个宇宙相互聚合并让我们以这样的方式显现，如此就是美的。美就是表现自我。

回归自我岛屿

佛陀八十岁之际意识到自己行将圆寂，于是向弟子们传授了"自我岛屿"的修习。他说世人内心都有一座每当你感到恐惧、不安或绝望时就可以回归的平安岛。回归自我岛屿，受它庇护，你便得平安。自我岛屿仅仅只是一气呼出。修习正念呼吸或正念行走，我们当下就能回归自我岛屿。

在搬来梅村前，我基本上都住在离巴黎市一小时车程远的一座禅房里。一天，我离开禅房出去走走。早上天气十分晴朗，所以出门前我把所有的门和窗户都打开了。不过大约到了下午四点钟的样子，天就开始变了：风起来了，云遮蔽了太阳，然后就下起了雨。我知道自己该回去了，所以修着行禅返回住处。到了家门口，我那小小的禅房已是惨不忍睹。屋内阴冷而又脏乱不堪，不再是一个安逸的住所。不过我知道自己必须做什么。首先，我关上所有门窗，然后烧木生火。在这之后，我点上一盏煤油灯。最后把吹落一地的纸都拾起来。等所有东西都放回原位后，我坐到壁炉旁让自己慢慢暖和起来。这时禅房又变成了原来那个让人觉得舒适而惬意的地方了。在我的禅房，我觉得平安而舒适。

平时遭遇心情低落或烦躁时，禅房可以向我们展示应对之道。我们用力，但越是用力，心情越是糟糕。我们感叹："今天万事不顺啊。"似乎我们所有的努力都归于失败。我们努力去表达和行动以求境况的改善。这时我们应当返回自己的禅房并关上所有的心灵门窗。借助正念呼吸以及觉知内心情绪来回归自我。你或许会感到愤怒、恐惧、焦虑，或者是绝望。但无论什么情绪，我们觉知它，然后十分轻柔地去包容。

当母亲听到孩子的哭喊，她会放下所有事情直奔孩子身旁。她要做的第一件事就是抱起孩子并轻柔地拥入臂弯。孩子身上有痛苦的能量。母亲身上是温柔的能量，而且这能量正开始渗透进入孩子的身体。同样，恐惧是你的孩子，愤怒是你的孩子，绝望是你的孩子。你的孩子需要你回来并照顾他。现在就回到你的禅房，回归自我的岛屿，去照顾你的孩子吧。

正念能量就是母亲。有了这母亲，孩子就有了照顾。正念是一种可生成的能量，它是觉知当下的能力，它是燃烧火焰的热力。这火焰，这热力，将转化禅房的冰冷与伤悲。孩子就是你自己，你不应该压抑自己心中的强烈情绪或消极情感。恐惧和愤怒本就与人一体，不要抗拒它们。不要与你的恐惧、你的愤怒或绝望挣扎。持守正念，你可以包容这些情绪。如果继续正念呼吸，正念的能量便能生起并包容和安抚这些不安情绪，就像一位母亲温柔地拥抱和安抚她哭泣中的宝贝一样。

工作中的情绪管理

　　工作中懂得管理自己的情绪十分重要，因为只有这样我们才能够维持良好的人际关系，保持交流的畅通，从而创造一个轻松而积极的工作氛围。有一些修习方法有助于我们调伏不良情绪，我们所有人都应该在这些情绪出现前及时学习这些方法，如此在面对这样的情境时才能从容应对。

　　第一项修习是要意识到情绪的无常——它们生起，停留一段时间，然后消失。当不良情绪在心中出现时，我们停息所有的思考，而不是以念头助长它，这非常重要。我们即刻息灭心念并回到呼吸上来，修习深度腹式呼吸。这是第二项修习。立刻把你的注意力从人、物或情境中抽离出来，哪怕你相信这些是你愤怒和挫折感情绪的根源，然后回到你的身体，跟随你的一呼一吸。仅仅只是随顺它。你不必强制改变呼吸，而是要专注和觉知出入息，自然而然地它就会不断变缓变深，也更顺畅。不要刻意为之——只是以心体察，顺其自然。

如果能以这样的方式给自己的呼吸引入正念，那么不仅我们的呼吸会平稳下来，身体与心灵同样会变得更加平静。一位好的修行者懂得调和呼吸、身体与心灵。

让行禅化解愤怒

在工作中，行禅也不失为应对诸如愤怒、怨恨或挫折感等不良情绪的好方法。修习正念呼吸和正念行走，需要我们承认它们的存在，而不是逃避和压抑。有一种方法可以转化我们的痛苦并获得解脱。如果视而不见，我们不过是忽视痛苦的存在，而非寻求真正的解脱。若要了脱痛苦，我们首先必须接受它，并深入观察以了解它的本质和根源。一旦开始这样做，我们可以把自己的觉悟带入工作环境中去，并利用它帮助我们自己和周围的同事。因而如果我们在工作中产生不良情绪，诸如愤怒和挫折感时，可以立刻停下手头的工作来照顾它们。若愤怒生起，什么也别说什么也别做，这很重要。到外面去修习正念行走和正念呼吸。停止所有的思考，把注意力完全放在脚步和呼吸上。你会发现这些情绪会慢慢稳定下来。

如果你是一位经理或公司主管，你应该知道在愤怒的状态下暴力执法，或利用自己的权力去控制和打压同事，这都不能带来平和、快乐与和谐。不良情绪也是如此，无论是你自己的还是他人的。如果忽视自己的情绪，或者是强迫自己不去想，不去感受，这都是徒然的。行禅是一种方法提醒我们去接纳它们，坦然处之，而不是无视和自我欺骗。

如何应对工作中的争端

假设你和你的一个同事关系很僵。一次感觉被轻视，一次晋升机会，或者是在某个场合对方没有听从你的意见或者是认可你，于是你们两人间便埋下了怨恨。你把一切都归咎在对方身上。你觉得只有你一个人痛苦，对方毫无感觉。并且你还坚信责任不在自己，完全是对方的过错。然而人际关系的不顺也有你自己的责任。人际关系是相互联系的两个人，所有人都是如此。没有你的参与，对方对你的误解就无法存在。双方都要对人际关系的好坏承担责任。

正念的修习可以转化我们的思维模式。修习正念时，你对自己会有更好的觉知。当愤怒情绪出现时，你知道自己的愤怒。所以你修习观呼吸并念道："吸气，我知道心中的愤怒；呼气，我照顾心中的愤怒。"如果依循这一教导修习，你就会在愤怒时克制自己，不会一气之下去辱骂对方或者是动手。愤怒情绪下说出的话，做出的举动百害而无一益。不要说一句话，不要做出反应，只是继续修习你的正念呼吸和正念行走。包容你的愤怒，承认它，然后慢慢化解。在这之后，你才能够深入了解你的愤怒并自问为何愤怒。

如果房间太冷，你打开散热器，散热器就会向外散发温暖的气流。暖气不是去对抗冷气。它散发出来包容冷气，然后五至十分钟之后冷气也变得温暖了。同样的道理，正念与正定的能量包容痛苦与愤怒的能量。

或许你心中愤怒的种子十分强大。只要一听到看到让我们不愉快的事情，心中愤怒的种子受了滋养，怒火就升了起来。我们自己，而不是他人，是造成痛苦的主要原因。别人只是次要原因。如果明白这一点，我们就不会那么生气。如果深入观察我们的愤怒，我们就会知道它来自于误解，来自于错误的认知和观点。而一旦意识到这一点，我们的愤怒就转化了，也觉悟了。

抚平愤怒的三句话

　　我们对自己、对我们的工作团队做出承诺，承诺从现在起，每次愤怒时，我们都不会说任何话，做任何举动，直到自己平静下来。我们可以通过签订"和平条约"来提醒自己做出的这份承诺。遵循这样的修习，我们需要深入自省从而找出愤怒的根源。但如果我们无法转化它，那么就必须向让你愤怒的人寻求帮助，从而修正我们错误的认知。动了怒心之后，我们应该首先尝试自己处理，但也不能太久，要及时向对方求助，要不然这种情绪就会累积固化。通常情况下，二十四个小时之内寻求帮助是比较合适的，因为如果我们自己无法解决，憋在心里也是不健康的。

要让对方知道你的愤怒情绪，知道你为此感到痛苦，并且想知道对方为什么要这样说这样做，寻求帮助和解释。但如果实在太愤怒以至于无法跟对方直接对话的话，我们可以把它写下来交给对方。

下面这三段话或许会非常有用。

第一句："亲爱的同事（或朋友）：我很痛苦，我很生气。我希望你明白我的感受。"因为你们的生命都是相连的，你有责任让对方了解你的感受。

第二句你可以这样写："我在尽力转化情绪。"这指的是你正在修习观呼吸，你克制自己，不因为愤怒而在言语和行为上有过激的举动，而是洞察并努力修习正思维和正语。这第二句话将激发对方对你的极大尊重，并一同修习。

第三句："请你帮帮我。"你可以更加具体地解释说："我无法独自处理自己的愤怒。我已经尽力了。

二十四个小时就快到了，而愤怒情绪仍然没有太大的缓解。我一个人无法转化它。请你帮帮我。"

寻求帮助是一件很好的事情。通常情况下，我们在受到伤害时总是会说："我不需要你。我不需要你的帮助。我一个人就可以挺过来。"然后你会变得更加愤怒。如果你能够让自己写下"请你帮帮我"这一句话，愤怒情绪立刻就会减轻。不要一个人硬挺，而是说："我需要你。我很痛苦。请你过来帮助我。"

如果你希望在工作中获得更多的快乐，请记下这三句话。你可以把它们写下来放进自己钱包，作为一座正念之铃。每次愤怒生起时，在你对它做出反应，说出过分的话或做出过激的举动前，拿出你的钱包，读一读这三句话。

实践和平条约

和平条约有助于我们缓解情绪，缓和同事间的不愉快。我们定期阅读，提醒自己在生气或别人生我们气的时候应当怎样应对。

最重要的是我们在愤怒的时候要懂得自我克制，不说话也不行动，并且立刻回到我们的呼吸。跟随呼吸，我们可以缓和自己的情绪。我们可以告诉对方他的什么言语或行为让我们不开心。但首先我们需要内省，从而知道愤怒的真正原因实际上是自己内心有强大的愤怒种子。对方只是我们愤怒的次要原因。

如果觉得自己伤害了对方，惹对方生气了，我们可以马上向对方道歉。因为我们知道自己的快乐依赖于他们的快乐，而他人的痛苦也会变成我们的痛苦。有了这样的觉知，我们就会尽快地恢复与他人的交流和关系。

下面这个文本改编自《梅村和平条约》，当初设立这个条约的目的是为了帮助夫妻解决他们的矛盾，改善夫妻交流并维持夫妻的良好关系。条约改动不大，你可以和同事商量把它挂在显眼的地方，让大家可以定期阅读，并提醒自己正确处理同事矛盾，从而让每一个人更好地理解并承担起自己的责任。

和平条约

为了实现愉快的协作，为了加深相互的理解，我们作为_____（小组/办公室/部门/公司/等等）的一名职员，宣誓遵守并践行以下条约：

本人，愤怒的一方，同意：

1.克制自己的言语和行为，以免进一步损害双方情感或激化愤怒情绪。

2.不压抑自己的愤怒情绪。

3.修习观呼吸，寻求自我岛屿的庇护。

4.在二十四个小时之内，平静地告知对方自己的愤怒与痛苦，不管是以口头的方式还是向对方传递一份和平便条。

5.通过口头或便条的方式和对方约定在本周末（比如星期五晚）见一次面，对双方的不愉快进行更加透彻的交流。

6.不要说："我不生气，我很好。我不觉得痛苦。没什么可以生气的，至少不值得我去生气。"

7.修习观呼吸，深入观察自己的日常生活并觉悟到：
- 我，本人有时会表现得愚钝；
- 自己负面或愚钝的习气已经伤害了对方；
- 心中强大的愤怒种子是自己愤怒的主要原因；
- 对方的痛苦，浇灌了我愤怒的种子，但仅仅只是次要原因；
- 对方仅仅只是在寻求自我痛苦的解脱；
- 只要对方还在痛苦中，我就不可能获得真正的快乐。

8.一旦意识到自己的愚钝和不觉，就应马上向对方道歉，而不是等到约会时再说。

9.如果自己的情绪还未平复，不适合与对方见面，就应当推迟周五的约会。

本人，导致对方愤怒的一方，同意：

1.尊重对方的情绪，不嘲弄对方，并给对方足够时间平复情绪。

2.不急于和对方交流。

3.确认对方会面的请求并保证自己会准时参加。

4.如果可以，现在就向对方道歉，而不是等到约会时再说。

5.修习观呼吸，寻求自我岛屿的庇护并觉悟到：
- 我心中有不善与愤怒的种子以及习气，并给对方造成了不快；
- 我错误地以为让别人痛苦可以缓解自我的痛苦；
- 让对方痛苦，我让自己感到痛苦。

6.一旦意识到自己的钝愚和不觉，马上向对方道歉，不要尝试自我辩护，也不要拖到约会时间。

我们作为_____（部门）的职员，决定无论同事间何时出现矛盾，都当全心践行以上条约以恢复沟通，恢复相互的理解与和谐。

签署日期：_____（年）___（月）___（日），签署地点：_____。

不被情绪所左右

当一种行蕴诸如不良情绪出现时，你可以对它说："你只是一种情绪而已。"情绪是这样一种东西，它生起，停留，最终消失。

我们人由色、受、想、行、识五蕴组成。这一领域广大。你的生命远远要比一种情绪更为广阔。这是不良情绪出现时你该有的洞见。"你好，我的情绪。我知道你在那儿。我会好好照顾你。"你修习深入正念的腹式呼吸，知道自己有能力调御心中升起的情绪风暴。你可以选择莲花坐，或者其他舒服的姿势，或者躺下。然后把手放在腹部，深吸一口气，深呼一口气，觉知你腹部的起落。停止所有的思考，仅仅只是觉知你的呼吸和身体的运动。"吸气，我的腹部在升起；呼气，我的腹部在下落。"全部注意力都专注于腹部的起落。停止所有的思考，因为想得越多，情绪就会变得更加强烈。

这样修习时，不要让自己停留在心念的层面。引导你的意识往下进入呼吸的层面，也就是肚脐眼稍下方，纯粹觉知腹部的起落。专注于此心不偏离，你将会安全。这就如同暴风雨中的一棵树：当看着树冠时，你看到枝叶在风中猛烈地前后摇摆。你可能会觉得这棵树就快被折断或者被吹走。但当你把注意力向下转移来到树干时，你会发现它是多么稳固，它的根深深地、牢牢地扎入土地中，根本不可能被风吹走。你知道这棵树将经受得住这暴风雨的洗礼。因此在你被情绪风暴席卷时，不要停留在树冠，不要停留在心念的层面。停止思考。向下来到树干，来到你的腹部。拥抱树干，百分之百的注意力都投注于腹部的起落。只要维持正念呼吸，并且心念独守一处，你将会安全。

不要等到不良情绪出现时才想到修习正念呼吸，否则在你最需要的时候你却不知所措了。我们必须现在就开始修习，尽管天空晴朗，暴风雨还未到来。如果每天坚持修习五或十分钟，等到最需要的时刻我们就能自然应对，并将轻而易举地经受住情绪风暴的猛烈袭击。

思想、言语和行为是人生的作品

假设你要和一个同事密切合作并且希望与他维持良好的关系，那么有些事情就需要你去做。首先需要注意的是你对工作和工作关系的看法。

你的工作或许是为他人提供服务，或许是生产商品，你觉得这就是工作的目的。然而在工作中，你也在生产其他东西：思想、言语和行为。

一个作曲家或画家完成一件作品之后，他们总会在上面签名。在日常生活中，你的思想、言语和行为也会有你的签名。如果你的思想是正确的思想，包含了理解、慈悲和洞见，这就是一件好的作品，并有你的签名。如果你能够生产一种慈悲与智慧的思想，那是你的创造、你的遗产。这思想不可能没有你的印记，因为这是你创造出来的。

你说的每一句话都是你的根性和思想的产物。无论你的言语是友善还是残忍，它都有你的签名。你说的话或许会造成极大的愤怒、绝望和悲观情绪，而这些，也会有你的签名。生产这些负面事物是不善。持守正念，我们能够生产包含理解、慈悲、喜悦与宽恕的言语。

当内心有了足够的平和与快乐，那么无论说什么，你都可以向他人传递积极的元素并浇灌他们心中善的种子，让这些积极元素生长起来。反过来，这些受益的人又将这样的善举传递下去。如果交谈仅仅只是为了在工作中抱怨他人，表达你的愤怒、挫折感和暴力，那么你将同时伤害你自己和对方。正念交谈是很好的一项修习。说话的时候，我们应当觉知我们的谈话会对他人造成的影响。

爱语：以理解之心去沟通

说爱语就是以爱、慈悲和理解之心去说话。我们尽量不要使用责备或批评的语言。我们尽量不要以评判、尖刻或者是愤怒的态度说话，因为这会制造巨大的痛苦。我们平和地说话，抱持理解的态度，只说那些能够激发听者信心、喜悦和希望的话。

爱语邀请他人表达自我以及他们的不幸。我们必须坦诚，我们必须开放，并且我们还必须乐于倾听。当我们以慈悲的态度认真倾听时，我们就能了解别人可能对我们，甚至是对他们自己存在怎样的错误看法。同样地，通过倾听我们可能也会发现自己对人对己所抱有的谬见。沟通帮助双方消除误解，并对他人拥有更清晰的认识，一种更加贴近真相的认识。

即使我们说爱语，有些人仍然可能会因为过去的负面经历而对我们报以嘲讽和怀疑。他们难以信赖他人。他们没有获得充足的爱与理解。他们怀疑我们所施予的并不是真正的爱，真正的慈悲。哪怕我们确实真心以对，他们也还是疑心重重。有许多年轻人从小没有获得来自家庭、父母、老师和社会充足的理解和爱。他们觉得周围的世界是丑陋、虚伪与不善的。所以他们四处游荡，寻求信仰，渴望爱与理解。他们游荡如同饿鬼，永远都得不到满足。

在佛教传统当中，饿鬼是一种腹如山谷却永受饥饿之苦的鬼魂。尽管他们的肚子很大，但吃不了太多食物，因为他们的喉咙太细，细得像针一样，所以进食量很小。因为这个原因，饿鬼永远都吃不饱，他们永远都得不到满足。我们可以拿这样的譬喻来描述那些渴求爱与理解，却缺乏足够接受能力的人的状态。我们必须帮助他们恢复正常大小的喉咙，这样他们才能吃得下我们所提供的食物。这是耐心，是不懈的善意和理解的修习。赢得他们的信任需要时间。在这之前，你都无法帮助他们。这也是为什么，即使面对对方的嘲讽、怀疑和不信，你也必须毫不动摇地坚持你的修习。

　　我们每一个人，无论是精神治疗师、法官、律师、教师、警官、科学家、艺术家还是计算机程序员，都可以在工作中尝试修习谛听和爱语以改善沟通。建立良好的沟通，一切都有可能。沟通有助于消除谬见与误解。

谛听：以慈悲之心去聆听

所谓谛听，简简单单，就是以一颗慈悲之心去倾听。即使对方言语中充满了妄念、偏见、责备和批判，你也仍然能够安静地坐着并倾听，不去打断对方，也不做反应。因为你知道如果能做到那样地去倾听，对方会感受到巨大的慰藉。你心中牢记倾听的唯一目的：给予对方一次表达自我的机会，因为在这之前没有一个人花时间去倾听他们。现在你是倾听菩萨。这是慈悲的修习。倾听时若一颗慈悲心不死，你将不会被激怒。它能护佑你在听到不公正的事情，听到满是责备、尖刻或讥损的言语时不被激怒。这真是太奇妙了。你知道这样倾听，你给予对方一次自我表达并被人理解的机会，所以能够保持自己的慈悲心。就是这么简单。你入息出息，守着觉知。如果像这样子修习，你可以长时间地去倾听而不会触动心中愤怒的种子。

如果有时候你觉得自己开始出现愤怒的情绪，你知道自己慈悲倾听的能力还不够强大。尽管如此，你仍然可以行持爱语。你可以说："我觉得自己今天的状态不是太好。我们可以改天再谈吗？后天如何？"不要太过勉强。如果你的倾听质量不好，对方会觉察到，所以不要太过用力。

　　交谈时，你有权分享心中的一切，但前提是使用爱语。然而，痛苦或愤怒的情绪会在你说话时突然袭来，并通过你的语调表现出来。在这种情况下，你知道自己没有能力行持爱语，可以告诉对方："可以让我下次再说吗？今天不是我最好的状态。"然后你花几天时间修习正念呼吸、正念行走，让自己平静下来，从而在下一次交谈时可以行持爱语。

正念会议

会议往往是紧张、压力和冲突的来源，所以在梅村，我们有一些修习方法来帮助维持会议的平和与和谐。

会议开始前，我们安静地坐着并回归自我。我们通过听磬声来帮助自己回到呼吸和当下，帮助放松身体与心灵，并放下忧虑。然后，读一段文字，提醒自己使用爱语与谛听——尊重和乐于接纳他人的观点，不执着于自己的观点。我们知道集体和谐是实现共同快乐的最重要因素，而执着于自己当下的观点，或者将这强加于人，我们将制造痛苦。所以我们修习开放的态度并倾听他人的经验与观察。我们邀请每一个人都去表达自己的观点，并在听取各自意见的基础之上寻求共识。我们知道集体的智慧与僧伽的观察要比任何个体都更为深广。如果达不成共识，我们同意下次再议。

　　会议期间，我们修习爱语与谛听。我们让每一个人轮流发言；我们从不插话。一个人在发言过程中，其他所有人修习谛听，尽量去理解对方想要表达什么。所谓谛听，就是注意听对方的讲话以及没有说出的话。我们修习谛听，不夹杂评判与反应。我们不会纠缠于舌战。我们讲述自己的经验，向整个集体发表讲话，如有疑问，我们还会把问题放在圈子的中央供大家思考和探讨。会前阅读以下文字——或作适当修改以符合你的需求——或许有益于正念会议的开展。

会议前的静修

　　我们承诺在会议中发扬团结精神，考察所有观点并达成默契——共识。我们承诺使用爱语与谛听以促成会议的成功举行。我们承诺勇于分享我们的观点和观察，但同时承诺心生怒火时不说一句话。我们下定决心不在会议中积聚紧张的氛围。如果任何人感觉到紧张局势的出现，我们立即停止会议并回到我们的呼吸，以便重建团结与和谐的氛围。

　　我们还会在会议中坐在一起，但不讨论工作。我们每周都举行"快乐会议"，会议可能会持续一个小时，但完全不讨论工作的内容——只是相互提醒我们当下完全有条件感到幸福；我们没有必要去祈望未来。大家坐在一起提醒了我们自己是多么幸运。我们可以喝一杯茶，以我们的陪伴与正念的修习相互滋养。我们可以分享最近经历的一件正能量事迹。我们浇灌每一个人快乐的种子，享受相互之间的陪伴。我们看见对方身上的正面品质，并表达我们的感激之情。大家能够坐在一起，我们感到十分的快乐和十足的幸运。

像这样大家坐在一起并享受相互的陪伴，这在任何一种工作场所都可以做到。很多这样的修习方法都可以应用到企业生活当中去。

第四章
回家之后的放松

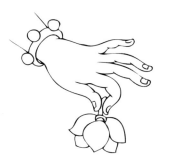

我已到了，我到家了

　　下班回家后，我们经常因为一天的工作而备感压力与紧张。我们的身体在受苦，因为我们让它们太辛苦了——我们没能好好地照顾它们。一天的消费，加上我们不良的饮食和工作方式以及过度劳累，身体已经吸收了很多毒素。到家之后，我们或许应该审视一下自己的状态，想想如何才能释放掉这些压力和毒素。

假设你夜里还在加班。你或许想知道："为什么这么晚我还必须待在这里，而其他人不是出去玩就是在家睡觉？"这样看待自己工作的态度会让工作本身变得异常痛苦。长此以往，你或许会发现自己变得满腹牢骚且精神萎靡。下班以后，你因为太累所以就直接回家睡觉了。如果你不是一个人住，这种疲惫感还会给你的人际关系和家庭生活都带来很大的压力。但如果你懂得正念的修习，你就能够把漫长的工作转化为积极的滋养体验。

当你走进梅村时，会看见这样一块指示牌，上面写着："我已到了，我到家了。"你可以在自己家门口也放这样一块指示牌，作为我们温和的提醒，告诉自己可以不用再追逐其他任何一切。你回家不仅仅是为了睡觉，睡醒了再去上班，也是为了享受与家人或室友在一起的时光，为了恢复精力和滋养自我。下班回家，你可以放慢自己的节奏，并全身心回归自我，陪伴你身边的人。

回归我们自己

　　如果工作繁重且压力很大，自我内部、身体与精神之间的交流可能就会不足。你的身体和意识也许一直努力在向你传递信息，但可能会因为你太忙而没能好好倾听。

　　我们很多人都缺乏倾听自己身体的修习。如果想回家，我们首先必须关注自我，注意自己身体和情绪的变化。身体是我们的第一个家。如果不回归自己的身体，我们就无法在这个外部世界里感到安然。

　　是什么阻碍了我们回家？通常，我们的心窝并不让人感到舒适——它杂乱不堪，充斥着各种不安情绪，于是不愿与它相处。但我们需要回归自我去照顾这些情感。我们回家前，没有必要把所有问题都解决。哪怕只是对当下的觉知以及回归身体的愿心，就已十足可贵，你已经是部分佛陀。或许，你只转化了自己百分之一或百分之二的痛苦，不过这就值得开心，因为现在你已经找到了修行的道路。

第二步，与家人或者是最亲近的人一同修习。你无须等待，不必等待自己所有的痛苦都被转化并有能力帮助你的家庭，现在就开始修习。与父母、伴侣和孩子交流时，使用爱语与谛听。可能的话，邀请他们加入你转化与疗愈的修习道路，因为家庭应当是你修学的支撑。没有他们的支持，正念的修习会变得更加困难。

通过回家的修习，你可以成为家庭的一个活跃成员。在有些家庭，家庭成员并不觉得那是一个真正的家，它们缺乏坚实的基础。它像是一间人们随意进出的旅馆，回家只是为了过夜。每个人都有自己的生活，没有交流，也没有相互的支持。回归自我的修习将帮助我们重建家庭，恢复家庭应有的生机。当一个家庭拥有了足够的觉知、转化和喜悦，你和你的家庭将成为更大社群力量与支持的源泉。

活在当下

因为觉得时间不够，我们很多人都把自己分裂开来。想象百分之八十的精力投入工作，百分之十投入家庭，百分之五投入朋友交际，百分之二投入慈善工作。如果这么做，最终你会发现自己在任何地方，对任何人都无法全心投入。无论在哪儿，你都应当百分之百地活在当下。你可以完全活在当下。

花匠如果人不在地里，如何栽培花木，照顾各种花朵、树木、蔬菜和绿色植物？当花朵凋零，花枝损折，杂草众生，叶片飘落，此时，一名优秀的花匠知道如何把这些正在腐败的物质变成滋养树木和花朵的肥料。我们的色、受、想、行、识五蕴就是我们的心田，需要我们全身心地去耕耘，正如那在浇灌、除草和转化的花匠。

我们需要回归当下的自我。想象一个没有政府、没有总统、没有国王或是女王的国家。那样的国家没有人去治理。每一个国家都需要某种形式的政府。我们自己也是如此。我们需要回到我们自己的"国家"，去照顾我们自己，做这个国家的国王、女王或总统。我们需要知道什么东西珍贵而美好从而保护它们；正如同我们需要了解什么东西不美所以去除或修正它们。我们需要在那里而不是逃避自己的责任。然而，有的人却不愿成为国王，他们不想承担这一份责任，做国王太累了所以他们只要逃避。

　　逃避有多种方式。我们可以看电视、读报纸，可以上网、打游戏，或者是听音乐。我们不想回到自己的土地，我们是拒绝接受国家管理责任的国王和女王。不过，我们需要意识到自己的责任；我们需要承担起自己管理者的角色，回归家园，去照顾我们自己。

而自我照顾的其中一义，是要懂得自我的局限性，我们不可能什么事情都做。我们的身体和能量是有限的。作为一名老师，我也有自己的局限性。我想要游历四方，去所有邀请我的地方讲学。但因为需求实在太大，而自己的身体和健康是有限度的，即使我希望尽可能多地帮助他人，但这样做的话我会因为过度劳累而早死。为了保护自己，我们必须学会拒绝，这样我们才能维持自己的生命并更长久地工作下去。

你必须承认自我局限性这一事实。我们有智慧认识到这一点，并根据符合自己的实际需要制定工作计划，为了自己，也为了你的家庭和你所在的团体。

给呼吸一个空间

工作中你需要一个修习观呼吸的地方，比如说一间安静的房间，办公室的一部分，甚至只是你办公桌的一角，在家，你同样需要一间观呼吸室——一个安静、平和，可以享受呼吸、回归自我的地方，一个可以滋养自我和培育喜悦的空间。你可以在一张小桌子上面放上花朵和蜡烛，然后享受坐在那儿的乐趣，无论是你独自一人还是与家人在一起。

下班回家，你可能还有很多家务活要做，但先花一点时间仅仅只是坐着并修习观呼吸，这非常重要。这可以帮助你恢复精力，然后以更饱满的精神、更多的觉知和喜悦开始干活。

共修打坐，能生发我们的快乐

佛陀住世的年代，数百僧侣前往拜见并接纳他的教诲。这些僧侣有时到了深夜才抵达，这时佛陀的一名随从会迎他们进去，然后让他们和佛陀以及僧伽一起打坐。有时，佛陀的追随者要走上整整一个月的时间才能赶到他生活的地方。因为没有电话可以通知他们的到来，所以往往都成了不速之客。有一次，数百名游历僧侣来到这里并平和地坐在佛陀身旁直到半夜。夜半时分，佛陀的弟子阿难陀起身，非常小心地走到佛陀身前轻声问道："佛祖，现已十二点，你有什么要向众僧侣宣讲的吗？"佛陀一言不答，只是继续坐着。阿难陀回到自己的座位坐下。凌晨两点，阿难陀再次起身，轻步上前问道："世尊，现已凌晨两点。现在可有教导？您可上前宣讲。"佛陀再一次只是安静地坐着，没有说任何话。阿难陀归座直到凌晨五点。五点钟，阿难陀站起身，踏着轻柔的脚步，再一次走到佛陀跟前："现已凌晨五点。您有什么要说、要宣讲的吗？"终于佛陀看着他答道："阿难陀，你希望我说什么？我们可以坐在一起，这还不够吗？这已足够让人快乐。我们还需要说什么呢？"

一起打坐足以带给我们快乐。我们打坐时保持全然的觉知，如此则真实处于当下。我们已经回家，我们真正到了。如果在家里预留时间和空间，像这样平和而安静地坐着，你会发现自己将渴望回家。

做家务也是喜乐

下班回家后，通常我们只想好好休息一下。我们把家务活看作是更多的工作，做饭、整理房间、打扫卫生诸如此类，我们已经劳累了一整天，回家后实在不想再做任何其他工作了。但如果我们花点时间来放松自我并恢复精力，获得新的能量，那么这些家务活就不会被看作是增加我们工作的负担和压力，而是可以带给我们喜悦的美好体验。

尽管纯粹地打坐确是美好的体验，但我们也不必为了快乐而去特意打坐。我们可以快乐地拖地。试想一下你没有房子的情况。很多人都没有房子让自己打扫。但是你有。有地板可以让你拖，你应该感到非常快乐。同样，洗衣做饭，打扫清洁，这些都能带给我们太多的快乐。

有的人或许认为："洗厕所有什么值得高兴的？"但是，有厕所洗，这就是人生幸事。当我在越南还是一个小沙弥的时候，我们没有厕所。我住的寺庙有一百号人，没有厕所。但我们就这样生活过来了。寺庙周围有一些小山丘和灌木丛，要解手时我们就跑到山上去。山上没有卫生纸，所以我们只得带上干的香蕉皮，要不然就只能指望到时候能够找到一些树叶了。而在出家前，我们也没有厕所。只有少数富有的人家里才有厕所。其他人都必须跑到稻田里或山上去解决。那时，越南有2500万人口，其中大部分人家里都没有厕所。有厕所洗这足以让我们感到快乐。

任何一件家务活都是一次修习这样的觉知与感恩之心的机会。因为我们知道自己有厨房，有厨灶，有可供烹调、可以滋养我们的食物，因此做饭也成了快乐的源泉。

这所有的劳作，我们可以享受其中，但事实并非如此，这其中的一个原因或许是因为我们以为喜悦应该让人觉得刺激。很多人都分不清喜悦与刺激的差别。但刺激并不等同于喜悦。喜悦让我们获得一种满足感。无论你是坐着、走着、站着还是在工作，当认识到自己当下拥有如此多快乐的条件时，你就会有一种此时此地的满足感。如果能认识到这一点，你可以随时获得快乐的感觉。你可以用自己的正念提醒他人。或许他们也会开始享受做饭和打扫。当我们一起做时，这些劳作会变得更加让人喜悦。

第五章

平和喜乐地成就事业

　　根据很多西方国家传统的商业模式，竞争是获得成功的唯一方式。我们认为自己最有竞争力时才有力量，并且相信只有他人失败我们才能成功。然而有人赢，就有人输，输的人就要承受失败的痛苦。那就是竞争。我们拿自己与他人比较：我比你更出色。然而，这样的思维模式只能强化分别心与高低平等的心结。我们失败的时候，心中感到痛苦，因为我们认为失败即意味着自己的无能。然而深入地再想一想，我们会发现这样的思维模式基于的是一种错误的人我分别心。如果痴迷不悟，我们将走向自我毁灭。

再清楚不过的是，竞争没有赢家。那些力求最好、争求高位的人，必须付出艰辛的努力才能达成，为此他们承受了巨大的痛苦。一旦身居高处，他们为了维持自己的地位必须继续奋斗，巨大的压力会让他们备受煎熬，乃至最终心力交瘁。如果继续这样生活，我们将不仅仅只是毁灭我们自己，也将毁灭这个地球。所以我们需要觉醒，我们需要一次大范围的集体觉醒来改变文明的轨迹，否则我们将会互相摧毁对方，摧毁我们的爱人以及地球上的自然资源。在这样的竞争中不可能有赢家。每个人都将失败。人我的分别造成巨大的痛苦。无分别的智慧与互即互入的洞见可以帮助我们觉悟到你我本为一体。

我出家成为沙弥的时候，师父向我演示如何礼拜佛陀。礼佛时，我们念诵一句经偈："礼者受者本性俱空。"这说的是一个独立自我的空性。我们不该有骄傲之心。我是由包括你在内的非我元素组成。而你也是由包括我在内非你元素组成。所以你跟其他人竞争，你也是在跟自己竞争。

然而这并不意味着我们都是相互雷同的复制品。在观察某种事物诸如一朵花时，即使我们看的是同一朵花，但观察的角度可能不尽相同。每一个人都有自己的观察角度。我们不应该要求别人遵循我们的思维模式与行为方式。我们希望发挥思维的生产能力，带来更多的理解与慈悲，以及更多的平和。我们都希望获得更多的喜悦、平和与自由。我们生产这些美好事物的方法或许各不相同，但无须通过相互竞争去获得。我们只要相互协作，以各自不同的方式，团结为一个整体，就能得到这一切。

职场的三种权力

我们很多人以为如果自己手握大权，就可以做任何想做的事，那会让我们感到非常快乐。事实上，我们很多人都掌握某些权力，却因为不懂运用而滥用它们，给自己和周围的人带来痛苦。金钱是一种权力，名声是一种权力，武器是一种权力，一支强大的军队是一种权力。人们因为滥用他们的权力而给世间造成诸多痛苦。他们这样做是因为他们没有权力成为自己。

在佛教传统中，我们讲三种权力。这三种权力与名声、财富与竞争的权力完全不同。这三种权力能够让人们快乐。如果你拥有这三种权力，那么其他权力诸如金钱、名声、军队或武器便永远不具有破坏性。

第一种权力：理解

第一种权力是理解。我们应该培育这一权力来理解我们自己以及他人的痛苦。这种理解将带来能够消减自我痛苦的慈悲。当你理解的时候，你就不再愤怒，不再想要惩罚任何人。理解是大力量，它生起人心中的慈悲。

当获得足够的理解，你就能释放所有的恐惧、愤怒和绝望。理解意味着你明白了自我、他人以及世间痛苦的根源。我们运用正念与专注的能量，洞察我们痛苦的本质，从而获得理解。在佛教当中，我们不说上帝恩赐得以解脱。我们说获得理解而后解脱。理解犹如一把利剑斩断愤怒、恐惧与绝望等诸多烦恼。

第二种权力：爱

如果你在一碗水里放一把盐，这碗水就没法喝了。但如果你把同样的一把盐撒进一条宽阔的河流，河水并不会受多大的影响。爱的权力就像这条河流。如果你的心增长，它就能容下所有人。当心中充满爱，小小的不快就像扔进河流的那一把盐。它们不会让你恼怒，你也不再感到痛苦。

爱的能量可以解脱你，也帮助你身边痛苦的人获得解脱。有两种方式来应对与他人的矛盾。在第一种方式中，你想要惩罚对方，因为你相信是对方让你痛苦。你觉得自己是受害者，而对方竟敢伤害你，所以心中产生了报复他人的倾向。你想报复与惩罚他们。然而被惩罚者自然也会感到痛苦，所以要一报还一报。如此轮回，最终事态不断升级。不过还有另外一种应对方式。你可以以爱的力量来应对痛苦。深入地想一想，你会意识到让你痛苦的人自己也深受其苦。他因为自己的谬见、愤怒和恐惧而备受折磨。他不知道该如何处理自己的痛苦。如果没有人施予爱与理解，他会变成自己痛苦的受害者。如果你以爱的眼睛深入观察并看到这一点，心中便会生出慈悲。心中怀着慈悲，自己就不再痛苦，并帮助减轻他人的痛苦。

第三种权力：放下

第三种权力是脱离和放下诸如贪爱、愤怒、恐惧与绝望等所有烦恼的权力。当你拥有这一权力斩断种种烦恼，你就变成了一个自由人，而且再没有比这更大的权力了。一个自由的人，可以帮助茫茫众生减少痛苦。

我们内心皆有贪爱的能量，但我们可以培育放下的权力来斩断贪爱。我们知道贪爱的对象给我们以及周围的人都带来了太多的痛苦。正念、正定与理解赋予我们权力挣脱对烦恼的执着。

起初，你相信贪欲的对象是你幸福与快乐的必要条件。你任由贪欲操控自己。但如果深入观察，你会发现这些贪欲的对象并非是你快乐的真正条件。如果有这样的见识，你就能够培育爱与理解的权力，这样你才是一个真正有权力的人。

三种权力在工作中的运用

其他权力，诸如金钱、名声、性和财富，把你变成它们的奴隶并促使你去伤害他人。然而，爱、理解与放下这三种权力永远不会让你和他人痛苦。它们只会给你和他人带来快乐。不管从事什么职业，你每天都可以培育理解痛苦的权力，接纳、爱和宽恕的权力，以及斩断和转化烦恼的权力。

设想你是一家企业的领导者。你希望自己的企业获得成功。如果你懂得培育这三种权力，就决不会滥用自己手中的权力，无论是金钱、名声还是其他资源。你不再想要惩罚，或是破坏。你将懂得如何经营企业才能保护环境和所有生命。你不会滥用现在手中所掌握的权力。

如果你想修习这三种权力，同时又在商业上获得成功，那么首先要回归自我。如果你想要走得远并实现梦想，第一要务是要学习如何照顾自己。我们所有人都应该修习正念呼吸与正念行走，把自己的心念带回我们的身体。修习正念，我们解放我们自己，不再因为未来而忧虑和恐惧，不再因为过去而悔恨与悲伤。在正念正定的作用下，我们可以倾听自己的痛苦并转化它。

　　只有我们内心能够建立和谐、爱与快乐，我们才能真正帮助自己的企业。公司内部或许存在许多的误解、挫折感和愤怒。公司董事、雇主和员工或许都遭受着痛苦的折磨。如果内心不快乐，压力太大，你就无法快乐而成功地经营自己的企业。如果已经在心中培育了理解与慈悲的权力，你就能够怀着慈悲、爱和理解的心态去倾听公司里的每一位员工，并帮助他们减轻痛苦。一个优秀的企业领导，其中一义就是可以抽出时间坐下来倾听他人。如果别人觉得你理解并支持他们，他们就变成了你的同盟，而不只是你的一名员工。企业经营过程中倾听他人所花费的时间不是浪费。这些时间的投入让你的公司超越了企业的界限，成为滋养你和所有员工的共同体。

追求快乐，也追求利益

企业更多地关注快乐与幸福，而不仅仅只是利润，我认为这是可行的。在梅村，我们关注快乐。因此我们花很多时间去照顾自己，并且需要这些时间，因为我们知道如果自己都照顾不好，我们就没有能力去照顾他人。如果我们不关注快乐，如果我们只关注利润，痛苦就会产生。

以快乐为唯一宗旨是企业运营的一种模式，不过一家企业也需要收入来源或者是其他一些用以维系自身的手段。因此，我们运营企业的模式可以是以快乐为重点，但也关注利润。第三种模式唯利润是瞻，毫无快乐可言。最后某些企业既没有快乐，也没有利润。这种企业是不可能长久维持下去的！我们的企业可以创造巨大的利润，但不应该为此而牺牲快乐。我们不希望自己所在的企业利润丰厚但毫无快乐可言。如果我们一心只想创造利润，就是在摧毁我们自己，摧毁环境，摧毁我们以及其他生命的快乐。然而，如果我们关注于理解、爱与放下这三种权力，那么快乐就会随之而来。随之而来的或许还有利润，但绝不以快乐为代价。

管理者应以慈悲之心待人

作为个人，你或许有自己所遵循的一套行为准则。同样，一个家庭或一个工作场所也需要约定一些操守或伦理规范来引导我们。也许你们约定在饭前或者会前一起静坐。或许你们约定在愤怒时暂不对话，而是先平静地坐下来。这些共同协议可以保护和滋养你、你的家庭和你的同事。

一个运行良好的工作场所，必须要有一个大家都愿意接受的行为准则。虽然你是管理者，但这并不意味着你就可以随意发号施令或者是制定规则，然后强迫他人遵守。这行不通。如果你参与权力斗争，你们就永远不可能像一个有机体，像一个共同体那样快乐地团结在一起。你们不可能获得一个快乐和谐的工作氛围。作为一名老师，我不会利用我的权力去迫使学生按照我的意图行事。操弄权力行不通。相反，我会跟他们一起打坐，帮助他们看见自己负面的言语与行为并没有给他们自己以及整个共同体带来快乐。

理解是爱的根本基石。如果不理解他人的不幸、痛苦以及内心最深的愿望，你就不可能真正地照顾好他们并让他们感到快乐。所以理解就是爱。你有深入审视过并理解自己痛苦与悲伤的根源吗？你有能力以慈悲之心对待自己吗？如果没有，你又如何能够理解并慈悲地去对待他人？开发慈悲与理解可以促进一套行为规范的建立，让你的工作场所变得和谐、快乐与平和。

新进一家企业时，我们就成为了现有企业文化的一部分。那家企业的企业文化或许尊重个人和个人意见，或许不尊重。也许没人觉得自己应该对企业文化负责，现实就是现实，不可改变。事实却并非如此。正念给予我们机会让我们思考同事之间应当如何协作，以及如何建立一套职场的伦理规范。只要我们把对方看作一个人，就能意识到我们拥有共同的目标、希望和道德。

五正念修习

　　在梅村，我们提出了五正念修习，这代表我们对国际精神与伦理的展望。这一修习不基于任何宗教戒律，而是基于实现我们所有人相互健康和快乐的理解。这五正念修习非常契合今日的职场世界——它们可以作为你公司职业伦理的基石。奉行这些指导，不仅有益你个人的安乐，也将有益同事以及所有跟你打交道的人，进而对整个世界都产生有益的影响。

　　第一项修习是保存和保护生命。第二项修习是真正的快乐的践行——这种快乐不破坏你的安乐和环境。第三项修习关乎真爱。真爱是此等爱，它只创造喜悦和快乐。第四项修习是谛听与爱语的践行，从而恢复人际沟通。第五项修习是正念消费的践行。我们践行的消费方式保护我们自己，保护世间所有生物以及我们的地球。

五正念修习的详释

第一项正念修习：尊重生命

觉知到杀害生命所带来的痛苦，我承诺培养相即的智慧和慈悲心，学习保护人、动物、植物和地球的生命。我决不杀生，不让他人杀生，也不会在思想或生活方式上支持世上任何杀生的行为。我知道暴力行为是由恐惧、贪婪和缺乏包容所引起，源自于二元思想和分别心。我愿学习对于任何观点、主张和见解，保持开放、不歧视和不执着的态度，藉以转化我内心和世界上的暴力、盲从和对教条的执着。

第二项正念修习：真正的幸福

觉知到社会不公义、剥削、偷窃和压迫所带来的痛苦，我承诺在思想、说话和行为上，修习慷慨分享。我决不偷取或占有任何属于他人的东西。我会和有需要的人分享我的时间、能量和财物。我会深入观察，以了解他人的幸福、痛苦和我的幸福、痛苦之间的紧密相连。没有了解和慈悲，不会有真正的幸福；追逐财富、名望、权力和感官上的快乐会带来许多痛苦和绝望。我知道真正的幸福取决于我的心态和对事物的看法，而不是外在的条件。如果能够回到当下此刻，我们会觉察到快乐的条件已然具足；懂得知足，就能幸福地生活于当下。我愿修习正命，即正确的生活方式，藉以帮助减轻众生的苦痛和逆转地球暖化。

第三项正念修习：真爱

　　觉知到不正当的性行为所带来的痛苦，我承诺培养责任感，学习保护个人、家庭和社会的诚信和安全。我知道性欲并不等于爱，基于贪欲的性行为会为自己和他人带来伤害。如果没有真爱，没有长久和公开的承诺，我不会和任何人发生性行为。我会尽力保护儿童免受性侵犯，同时防止伴侣和家庭因不正当的性行为而遭受伤害与破坏。认识到身心一体，我承诺学习用适当的方法照顾我的性能量，培养慈、悲、喜、舍这四个真爱的基本元素，藉以令自己和他人更加幸福。修习真爱，我知道生命将会快乐、美丽地延续到未来。

第四项正念修习：爱语和聆听

　　觉知到说话缺少正念和不懂得细心聆听所带来的痛苦，我承诺学习使用爱语和慈悲聆听，为自己和他人带来快乐，减轻苦痛，以及为个人、种族、宗教和国家带来平安，促进和解。我知道说话能带来快乐，也能带来痛苦。我承诺真诚地说话，使用能够滋养信心、喜悦和希望的话语。当我感到愤怒时，我决不讲话。我将修习正念呼吸和正念步行，深观愤怒的根源，尤其是我的错误认知，以及对自己和他人的痛苦缺乏理解。我愿学习使用爱语和细心聆听，帮助自己和他人止息痛苦，找到走出困境的道路。我决不散播不确实的消息，也不说会引起家庭和团体不和的话。我将修习正精进，滋养爱、了解、喜悦和包容的能力，逐渐转化深藏于我心识之内的愤怒、暴力和恐惧。

第五项正念修习：滋养和疗愈

觉知到没有正念的消费所带来的痛苦，我承诺修习正念饮食和消费，学习方法以转化身心和保持身体健康。我将深入观察我所摄取的四种食粮，包括饮食、感官、意志和心识。我决不投机或赌博，也不饮酒、使用麻醉品或其他含有毒素的产品，例如某些网站、电子游戏、音乐、电视节目、电影、书刊和谈话。我愿学习回到当下此刻，接触在我之内和周围清新、疗愈和滋养的元素。我不会让后悔和悲伤把我带回过去，也不会让忧虑和恐惧把我从当下此刻拉走。我不会用消费来逃避孤单、忧虑或痛苦。我将修习观照万物相即的本性，学习正念消费，藉以保持自己、家庭、社会和地球上众生的身心平安和喜悦。

你的工作场所、学校、企业和公司可以选择采用五正念修习作为职业伦理的基础。你个人和家庭也可以决定奉行这些修习方式。所有修习都基于互即互入这一洞见。互即互入指的是没有任何事物是可能独立存在的。世间万物相互依存；世间万物相互容纳。世间万物都是相互存在的。你和世间万物相互依存，你和世间万物相互存在。

假设我们深入观察一朵玫瑰花。在一定的正定与正念下，我们会看到这朵玫瑰仅由非玫瑰元素构成。我们在这朵玫瑰花里看到了什么？我们看到一朵云，因为我们知道如果没有云，就没有雨，而没有雨，玫瑰花就无法生长。所以洞察玫瑰花时，我们能够辨识云这一非玫瑰元素。接着，我们看得到阳光，这对玫瑰的生长同样至关重要。阳光是玫瑰当中的另一种非玫瑰元素。如果你把阳光和云都从玫瑰花中拿走，玫瑰花也就不存在了。如果继续这样观察，我们看到很多其他非玫瑰元素，包括矿物质、泥土、农夫、花匠等。整个宇宙的和合制造出我们称为一朵玫瑰的奇迹。一朵玫瑰不可能独立存在，它必须与整个宇宙相互存在。这样的洞见我们称为互即互入。

快乐也是一种玫瑰。快乐只由非快乐元素构成。如果舍弃所有的非快乐元素——诸如痛苦、伤痛、忧虑与绝望——你永远都得不到快乐。同样的道理，莲花的种养需要淤泥。深入观察莲花，你可以看见污泥。你无法在大理石上面种养一朵莲花。一朵莲花仅由非莲花元素构成——比如淤泥——正如快乐由非快乐元素构成。这就是互即互入的本质。万物存在于万物当中。我们不能保留一物而舍掉他物，因为它们都彼此依存。

　　快乐不是一个人的事情。一个人的快乐——如果这种快乐是真正的快乐——将会影响他人，就如一棵树会利益周围的世界一样。如果一棵树健康、挺拔而美丽，即使一无所为，而仅仅只是健康而美丽地存在这一事实便能利益整个世界。人也是这样。一个快乐的人，他的快乐会利益周围所有的人。因此我觉得在职场中快乐很重要。我们的快乐影响我们的工作和周围的同事。我们不是互相隔离的存在。

无论从事什么职业，大家花一点时间一起深思如何在工作中获得真正的快乐，这或许有助于营造一个良好的工作氛围。我们需要问自己这个问题："什么是真正的快乐？"如果大家没有集体感，同事之间不能为所有人的利益而相互协作，那么即使你拥有了大量的权力和金钱，也不会感到快乐。当觉知到这一点，我们作为一个相互协作的群体就能反省我们的工作方式和企业经营方式，从而在日常生活中获得真正的快乐、爱与平和。

知足常乐

或许你拥有一份自己喜欢的工作，却发现同事很难相处。或者你觉得这份工作于己于人于环境都无益，但自己有足够的理由继续干下去，至少目前为止是这样。然而无论什么情况，你现在就已拥有快乐。你没有必要等待未来。正念的呼吸、行走的觉知以及不断扩大的修习群体，这些都有助于创造那样的快乐。

我们总是倾向于以为自己没有足够的条件感到快乐。我们总是盼望未来会寻找到更多这样的条件。然而，如果我们回归当下，持守正念，辨识出那些已经存在的美好事实就会发现，自己当下已经拥有太多。

心中觉知不到阳光，你就总是生活在黑暗之中。正念帮助你看见阳光的存在，这是多么美好！有起伏的山峦，有鸟儿，有树林，我们的地球是多么美丽。正念帮助我意识到自己的身体：我活着，我能看，我有肺并且可以呼吸，我有足够强健的双腿可以行走和奔跑。有这么多快乐的条件。如果我们写下所有已经拥有的快乐的条件，一页纸不够，两页纸不够，十页纸也不够。我们拥有太多。

滋养快乐的三种方法

　　在家庭和工作生活中，有很多方法可以滋养我们的快乐。第一种方法是善于发现幸福，看到我们的身体和周围一切已经存在的许多快乐的条件。我们的眼睛是明亮的，我们的耳朵能够听到声音，我们的身体仍然可以运转。在我们周围有我们呼吸的空气，有蔚蓝的天空——我们需要做的仅仅只是真实地活在当下看到这一切。发现幸福是创造快乐的一种方法。

　　第二种方法是忆苦思甜，回顾过去的不幸，珍惜当前的幸福。我们每一个人都有过不幸和深重痛苦的体验，诸如爱人离世，诸如自己和所爱之人遭受严重的意外和疾病。在那样的时刻，我们是那么痛苦，感受或创造快乐变得极其困难。尽管这些都发生在过去，但记忆却留了下来。这些悲痛的画面继续存在我们心中。如果我们现在唤起这些画面并对比当前的处境，可以清楚地看到自己当前的处境要好得多。有了这样的觉知，快乐立刻出现。

打个比方说，我们拿一本蓝色封面的笔记本，在上面放一张尺寸更小的白纸，然后我们看到颜色的对比。蓝色笔记本代表我们过去的痛苦，白纸代表当下的快乐。两相比较，我们会非常清楚地看到二者的区别，而且白色突然会显得更白——比白色更白。相较于过去的痛苦，我们能够看见现在自己所拥有的快乐的条件是多么宝贵。回首过去，珍惜当下，快乐之光愈加闪耀。

第三种方式是安住当下，悲喜不惊，修习与人生悲苦喜乐共处的生活态度，接纳并包容痛苦，而不是抗拒和压抑。如果过去遭受过许多痛苦，我们会习惯性地去执着这些痛苦与不幸。但我们可以提醒自己不要沉湎于过去。无论是因为回忆起过去还是当前真正的不幸降临，当感到痛苦时，我们都不需要去攀缘。我们可以利用正念承认痛苦并对它说："我知道你在那儿，我现在为你而来。"仅仅是说出这句话，我们的痛苦就会减轻。我们的痛苦被包容了，它受到了抚慰，于是心中突然就有了喜悦的空间。痛苦需要我们温柔的包容，就像一位母亲拥抱和安慰她哭泣的宝贝。如果母亲全部的注意力都投在孩子身上，孩子的情绪就会稳定下来。不要跟自己的痛苦对抗和挣扎，仅仅只是承认并接纳它，如此快乐就能出现。

有了这三种滋养快乐的方法，我们知道自己哪怕是在工作当中也可以获得快乐。我们可以放下烦恼，让心更加明澈和轻松。我们专注在这一天。我们不受恐惧、愤怒和痛苦的束缚，一步步实现自己的愿望，出色地完成工作，做利益我们自己和这个地球的工作。

正命的修习

论及正命，佛陀把它作为带来众生幸福的八个要素之一。什么是正命？正命的修习意味着我们的工作当滋养慈悲与理解的理想。我们选择的职业给我们自己、他人、动植物以及整个地球带来最大的利益和最小的伤害。即使这样的选择会让你损失金钱利益，却能产生巨大的快乐。正命是一个伦理问题，也是如何选择我们创造幸福的方式，这不仅是为了我们自己，也是为了所有直接或间接因为我的工作而受影响的人。

你的生活方式、你的工作以及工作方式，有助于他人和整个社会的共同觉醒。为了地球的未来，我们需要一次共同觉醒。你可以问问自己，你的工作如何能够帮助他人？如果工作的动力来自于帮助他人的愿心，你将获得更多的喜悦和能量。知道地球上生命以及自己为此所做的贡献，世间再没有可与之比肩的喜悦了。

　　知道如何滋养我们的快乐这很重要，而职业选择是其中一个重要因素。太多的现代工业有害人类和自然，修习正命非常困难。如果我们不细致地审视自己的行为，结果会造成巨大的伤害。食品生产就是一个很好的例子。一个在商业农场打工的农民或许会觉得他们为消费者提供食物是利益他人的善举。然而如果这家农场使用化学农药，在那儿工作或许实际上是在伤害人类和自然环境。但是一个农场主如果因为尊重环境而拒绝使用这些化学品，农场在商业上可能就会举步维艰，最终导致企业的财务困境。即使这家农场成功经营了一家有机农场并能够获利，但只要附近的农场继续使用杀虫剂和化肥，污染空气、土壤和水，他们仍然很难种植出真正健康的食物。我们都相互关联，并且我们的工作会有深远的影响。正命的修习不是单纯个人的事。我们的职业选择不仅影响我们自己、我们的家人和爱人；我们的职业选择会影响我们的邻居以及世人的选择和健康。

无论做什么工作，都把它当作一场修行

曾经有一位开豪华轿车的先生过来看我。他告诉我自己负责核弹头的设计工作。这样的工作让他良心备受煎熬，但又觉得自己承担着养育家人的责任，不可能放弃他的工作。尽管这份工作存在潜在的破坏性，但这名工程师还有良知。他对自己正在做的事情有觉知。这个世界需要这样有觉知的人士来从事这种工作。如果他辞职了，另外一些对潜在后果缺乏觉知的人可能就会取而代之，这样的话情况会变得更糟。然而，如果我们有办法让大家都放弃这样的工作，这将是最好的选择。如果没人愿意设计核弹头，它们就不会被继续生产和使用。我们的工程师知道，如果想要修习正命，享受心灵的平和，他的余生就不能再继续从事现在这份工作；他需要另找一种职业，并朝那个方向不断努力。

不管我们是社会工作者、警察、急诊医生、设计师、软件工程师、科学家还是教师，无论工作多么繁重，我们都可以变身菩萨，怀着理解和觉知工作。律师可以修习慈悲而理解的洞察，并把它变成培育理解与和解的职业，带来疗愈而不是关注于冲突和对抗。律师可以把自己的工作看作是对客户的帮助，帮助他们洞察从而实现转化、和解和疗愈。当然，律师必须代表他的客户并出色完成辩护工作；但他也可以坦诉自己的内心，分享自己的想法，帮助客户理解对方的观点。当一名律师在法庭上表达他自己时，他可以浇灌包括法官在内的每一个人心中理解与慈悲的种子。这很重要。这样的修习会被人关注到并得到众人的赞赏。

一名持守正念的政治家同样也可以依照自己的良心和独立观点行事。他能够正念地投票，或许这与他自己政党的意志相左。通过展示诚实和善意，其他党员会理解他并给予他支持。所以，你的工作需要禅修的维度，一种精神维度，这很重要。我们需要这样的人。

共责：我们的工作也影响着他人

　　无论从事什么职业，你实际上都代表我们所有人，你以我们的名义在工作。我们要为你的行为承担共同的责任，如果你的工作对生物和整个地球无益，我们所有人都将承受由此而来的痛苦。如果觉得一份工作对你没有滋养但有必要继续干下去，你仍然可以正念地工作。如果坚持修习正念，你最终将获得更多的洞见，这将有助于改善现有工作环境或者是离职去寻找一个新的、更加滋养的工作。觉知你的慈悲心并培育它。不要变成一台机器，每天一成不变地运转——保持自己的人性和慈悲心不灭。

　　假设我是一名学校老师并在工作中，在培养孩子们的爱与理解的过程中找到快乐。比方如果这时候有人要我停止教书育人去当屠夫，我将会拒绝。然而，当我静观万物相连，我看到要为屠杀动物负责的并非只有屠夫一人。他为我们所有吃肉的人工作。我们要对他杀生的行为承担共同的责任。我们或许以为屠夫的谋生手段是错误的而我们的是正确的，但如果我们不吃肉，他就不会去杀生，或者会减少屠杀动物的数量。正命是大家所有人的事。每一个人的谋生手段会影响我们所有人，反之亦然。我敬畏和保护生命的教说或许能够让屠夫的孩子们受益，而我的孩子们，如果他们吃肉的话，也要为屠夫的谋生手段所带来的影响承担责任。

任何对正命的审视都不仅仅在于我们如何赚取薪水。我们整个生命和整个社会都是内生相连的一体。我们所做的任何事都有助于修习正命的努力，而只有所有人都朝正确的方向前进，我们才能实现百分之一百的成功。但我们每一个人都可以决心走向慈悲的方向，走向减少世间痛苦的方向。我们每一个人都可以决心建设一个充满更多理解、爱与慈悲的美好社会。

比如说，数百万人都依靠军工行业谋生，直接或间接地参与了"常规"武器和核武器的制造。这些所谓的常规武器然后被售往更加贫穷的国家，那里的人民不需要枪、坦克和炸弹；他们需要的是食物。制造和销售武器不是正命，但要为此负责的却是我们所有的人，无论是政治家、经济学家还是消费者。我们所有人都要为这些武器所造成的死亡和破坏负责。如果你有能力从事一项职业可以帮助你实现慈悲的理想，那就请你怀着一颗感激之心。请正念地活着，简单地活着，清醒地活着，帮助他人获得正当的工作。

因为这种剥削和破坏地球的文化，想要找一个全心支持并在道德上认同的工作实在不易。这需要时间，需要坚定的意志和深入的愿心。如果你现在还不能百分之百地修习正命，不要绝望，也不要放弃。你可以向正命的方向前进，正念和慈悲地从事现在的工作。无论你现在干什么，无论这份工作是心之所向还是暂时的过渡，你总可以寻找到一种方法在工作中创造更多的幸福。

共醒：众生皆是佛陀

　　无论从事什么职业，我们工作一部分是为了帮助实现共同的疗愈、转化和觉醒，为我们自己的幸福以及我们的地球。互即互入的慧见有助于此，但我们需要一次共同的觉醒。我们每一个人必须努力促进这一共同觉醒。如果你是一名记者，你可以记者的方式促进这一觉醒。如果你是一位老师，你可以老师的方式促进这一觉醒。没有这样的觉醒，任何改变都不可能发生。觉醒和觉知是所有改变的基础。我们每一个人都必须坐下来，深入观察自己可以做怎样的人，自己能够做什么来帮助减轻周围人的痛苦，缓解压力，并带来更多的喜悦。我们可以独自一人或者是与一群人，与我们的同事或家人共同努力。世间有太多的痛苦，但与此同时，世间也有太多的喜悦等待我们发掘。觉知地过你的生活，创造你自己的工作方式，这有助于共同觉醒。

众生皆具备理解与爱的能力。每个人内心都有大爱的种子。有一个关于佛陀的故事讲述了常不轻菩萨的事迹。他的唯一工作是四处对人说："我不敢轻视汝等，汝等皆当作佛，皆具足大觉知与大慈悲力。"这是他唯一的启示。他立下走访世间众生——无论贫穷贵贱、学识高低——的誓约，并总是会说同样的话。有时候人们以为他在取笑他们，有时候还会把他痛打一顿。但他仍然一如既往，"此吾真信仰，我愿向你宣说汝可作佛的启示。世人皆具足理解与爱的能力"。

但一个佛陀还不足够，我们需要他人也来做佛，哪怕只是部分佛陀。当觉知地生活，我们将自然而然且无须用力就能转化周围人的生活。我们可以先建立一个修行者的团体，这在艰难时期可以给予我们支持。集体的正念能量非常强大。身边围绕正念修习的同修，我们受益于他们的能量。这就如同溪水汇入海水。

与同事一起修行

　　工作中修习正念一段时间以后，你可以观察一下其他人是否也有兴趣跟你一起修习呼吸禅、坐禅和行禅。如果周围都是修习正念的同修，那么你们将获得共同能量的支持，修习也会变得更加轻松和自然。

　　即使一开始找不到这样的人，你的修习也将利益周围的人和整个工作环境。正念修习越久，你越是知道如何积极地改变你的工作环境。我们每一个人都能为正念的共同能量尽一份力。你正念呼吸和行走的修习将支持你身边的人。我们这样修习的时候，自己成了每一个人的正念之铃。正念行走时，享受每一步的安乐，你能鼓励他人也这样做，即使他们不知道你在修习正念。微笑时，你的微笑支持周围的人并提醒他们微笑。修行时的身心状态非常重要。

当一个人没有同修的共同能量时，你仍然必须坚持修习来保护自己不受他人不良情绪、暴力和愤怒的侵袭。你必须坚持修习来保护自我远离灾厄，远离自我的痴愚和愤怒。不小心洒了东西，失足摔倒伤了自己，或者是突然对人大发脾气，这些都是正念修习不充分所招引来的灾厄。如果你心灵安详、头脑清醒，灾厄就会远离。

寻找一个共同修行的团体

我们所有人在工作中都有不顺的时候。我们所有人内心都会有痛苦与恐惧。然而，我们没必要独自承受，我们可以找一个共同修学的团体并让它为我们包容这些不良情绪。没有一个人可以强大到能够独自一人包容所有的愁苦。

把一块石子抛入河中，无论它多么小，也会沉入河底。然而如果有一条船，你可以装几吨的石块它们也不会沉。痛苦也是这样：我们的愁悲恐惧就好似这些石块。如果我们让修学团体与共同的正念能量包容我们，我们就不会沉沦苦海。痛苦的程度也会减弱。我们当然可以独自修习，但一个修学的团体可以给予我们更多的支持，让修习变得更加容易。大家一同修习正念，集合的能量会更为强大并帮助完成我们所有人所需的转化与疗愈。没有这样的共同能量，我们可能会在修习中迷失而最终放弃。如果想要继续修习下去，你应该建立一个共同修学的团体，你的修习也会受团体共同能量的支撑。

如果我们知道自己前进的方向正确，这就足够了。修习的目的不是追求事事完美，而是能够在这条道路上稳步向前。如果现在的处境和工作背离正命的生活方式，那么你可以把它作为暂时的过渡，以后再另找一个压力更小的工作，让自己过上更简单、更快乐的生活，不去伤害人类和自然。

与此同时，你现在就可以做一些事情。你可以每天修习正念，培养自己的慈悲心。你可以向同事推介非宗教的正念修法。好工作固然重要，但诚实、安详地生活以及拥有一条修习的道路更加重要。无论从事何种职业，正念可以帮助你走向正命的道路，拥有一个更多喜悦、慈悲和理解的生活。如果我们的工作方式激励这样的思维模式与行为，我们自己、我们的孩子和子孙后代以及整个地球都将拥有未来。

第六章

工作减压二十八法

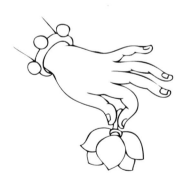

十分钟坐禅开启你的一天。

*

提醒自己对生命和全新的二十四小时心怀感恩。

*

安心在家吃早餐。坐下来静静享用。

*

一天结束，记录下这一天发生的所有好事。时时浇灌喜悦与感恩的种子，这样它们才能生长。

*

上班期间不坐电梯走楼梯且保持正念，步步都与呼吸和合。

*

在公交站或列车站等车时，利用这段时间修习坐禅或徐行禅，随顺你的呼吸并享受无所往无所为的喜悦。

*

在车内、上班路上或休息时间关闭手机。

*

克制自己不在上下班或赴约的路上打电话。这段时间静心与自我、自然以及周围的世界相处。

*

把红灯或堵车看作是正念之铃，邀请你停止思考，放慢节奏，安住当下好好休息。驾车时觉知身体出现的任何紧张，或是任何焦躁、愤怒或挫折感并通过返回呼吸的方式放松自己。放松你的肩膀、面部和下巴。不要尝试改变你的呼吸，仅仅是随顺它。

*

在工作场所安排一个呼吸区供人们放松，停止活动与休息。如果腾不出一个专门的区域，你也可以在自己办公桌的一角放上鲜花和一盏小罄，压力大的时候可以请一声罄声。定期修习观呼吸，回归你的身体并把思绪带回当下。

*

下载"正念之铃"这个软件到你的电脑上，设定为每十五分钟响一次，提醒自己呼吸并伸展身体以释放压力。下载地址：

www.mindfulnessdc.org/mindfulclock.html

*

电话铃响时不要匆忙应接，入息出息三次，确保自己真的已经做好准备。呼吸时你可以把手放在话筒上，让同事知道你准备接电话；你只是不着急而已。

*

每天习惯性地做五到十分钟的完全放松训练，你可以在自己办公室的一角或者是某个安静的地方躺下来，天晴的话你也可以在公园里做。做一个全身扫描，放松身体所有肌肉，向你的所有器官传送爱意并感谢它们一整天辛勤的工作。这个训练花不了多长时间，却能够让人焕然一新。做完之后你会觉得自己精力更充沛了，更安详了，重新恢复了精力，你的工作也将受益。

*

午餐时，安心吃饭，而不是咀嚼你的恐惧和忧虑。

*

你饭后如果要洗餐具，或者是小憩过后洗咖啡杯，则一心专注于洗涤这一动作。你可以念诵洗餐具的偈颂或者自己创作一段。全身心感受温和的肥皂水，享受双手浸在水中的时光，享受清洗杯碟的劳作。静静地，不要说话，全身心专注于当下的动作，无须说话，也无须做其他任何事情，享受这一段时光。你可以让你的家人和同事知道自己在这段时间里不愿被人打扰，并邀请他们一同加入修习。享受当下和清洗餐具的过程，仅此而已。

*

品茶有道。放下工作并深观这杯茶，观照茶水和合的一切物：云朵和雨露，茶园和采摘茶叶的茶农。培养感恩之心，感谢所有的爱和辛勤的劳作创造你面前的这盏茶。饮茶，细细品味一分一秒。

*

每周留一天不开车，拼车，乘坐公共交通工具，或者是骑车上班。坐公车的话，享受这一旅程；骑行的话，享受清新空气吹过你的脸庞。感受你身体的力量，以及对拥有一个健康身体的感激之心。

*

不要把时间分割成"我的时间"和"工作时间"。如果你留在当下并感触身心所正在发生的一切，那么所有时间都是你的时间。工作时间比你在其他地方度过的时间更加令人不快，这没有道理。

*

创造平静的空间和时间，与他人相互合作，以及创造一种工作集体感，以此来改变工作环境，让它变得更为平和与喜悦。

*

在参加会议前，想象一位非常平和、正念和智慧的人陪你一同前往。在这个人身上——哪怕只是一种想象——寻求庇护，帮助自己在会议中保持平静和平和。

*

　　会议期间如果出现不良情绪，暂停一会儿去上洗手间，并在行走过程中修习正念。享受自己在洗手间的时间。并且记住，如厕时间与上班时间同等重要。

*

　　工作中如出现愤怒或焦躁情绪，克制自己的言语和行为。回到你的呼吸并随顺呼吸出入，直到自己平静下来。行禅也有帮助。辨识你的情绪，说："你好，我的愤怒，我的焦躁。我知道你在那里。我会好好照顾你。"

*

　　修习正确的职业观，把你的老板、上级、同事和下属看作是你的盟友而不是敌人。认识到相互协作要比独自工作带来更多的满足感和喜悦。无论在哪儿，只要条件允许就团队协作。知道每一个人的成功和快乐就是你自己的成功和快乐。

*

　　下班回家前，尝试放松和恢复自我，不把这一天集聚的消极能量和挫折感带回家。下了公交车或者是从停车场出来以后，持守正念步行回家。到家以后，花一点时间让自己放松，回归自我，然后再开始做家务。认识到多任务意味着你不能专心做一件事。每次投入全部精力只做一件事，修习单一任务。

*

　　吃饭时不要工作或说话。事情一件一件做，从而能够专注吃饭，专注在你的同事身上或工作上。

*

　　不要在办公桌上吃午饭。改变环境，出去走走。

*

　　修习乐观的态度，善于发现工作和同事身上积极的一面。经常对他们的优秀品质和善行表达你的感激和赞赏。这将转化整个工作环境，让每一个人觉得更加和谐和舒适。

*

　　组建一个职场静修团体，每周组织几次打坐或加入当地的僧伽。